동고비의 시간

동고비의 시간
생명 사랑으로 이어진 17년의 기록

초판 1쇄 발행일 2024년 8월 26일

글과 사진 김성호
펴낸이 이원중

펴낸곳 지성사 출판등록일 1993년 12월 9일 등록번호 제10-916호
주소 (03458) 서울시 은평구 진흥로 68, 2층
전화 (02) 335-5494 팩스 (02) 335-5496
홈페이지 www.jisungsa.co.kr 이메일 jisungsa@hanmail.net

ISBN 978-89-7889-553-8 (03490)

생명 사랑으로
이어진
17년의 기록

동고비의 시간

글과 사진 김성호

지성사

흙, 풀, 비, 나무, 바람, 곤충, 태양, 꽃, 달, 열매, 별…
숲에 깃들인 동고비와 그 모든 이웃에
이 책을 바칩니다.

마흔에 이르도록 이름과 생김새를 또렷하게 아는 새는 고작 다섯뿐이었습니다. 참새, 까치, 까마귀, 제비, 비둘기. 설마, 하실 것입니다. 초등학생도 오리와 갈매기는 안다고 하실 수 있습니다. 오리 종류도 다양하고 갈매기 종류도 다양합니다. 어떤 오리인지, 어떤 갈매기인지 몰랐다는 뜻입니다. 서른에 생물학으로 박사학위를 취득했고 곧바로 생물학과의 교수로 살기 시작했어도 그렇습니다. 변명거리는 있습니다. 전공이 새와는 꽤나 먼 식물학이라는 것. 하지만 간절한 다가섬 끝에 알게 되었습니다. 내 가슴에 새를 사랑하는 마음이 반짝이고 있었다는 것을 말이지요.

'새' 하면 어떤 생각이 떠오르시나요? 새는 어떤 생명일까요? 새가 꿈꾸는 세상은 무엇이었을까요? 자유가 아니었나 싶습니다. 자유로운 존재가 되기 위해 필요한 것은 비상(飛翔)이었을 것입니다. 갖춰야 할 것뿐만 아니라 버려야 할 것이 생깁니다. 무엇을 갖추고 무엇을 버려야 할지, 무엇을 버리고 무엇을 갖춰야 할지는 오랜 시간을 두고 동시에 벌어지기도 하고 시간을 이어 일어나기도 했을 것입니다.

새는 두 발로 섭니다. 두 앞발을 포기한 결과입니다. 두 앞발을 날개로 바꿔 갑니다. 모양만 변해서는 날 수 없습니다. 피부 또한 가벼운 깃털로 바꿔 갑니다. 가벼운 날개를 갖춥니다. 날개. 새가 날기 위해 갖춰야 했던 것으로는 분명 으뜸이지만 그럼에도 몸은 뜨지 않았나 봅니다. 게다가 손의 역할을 해주는 두 앞발을 포기한 탓에 불편함이 꽤 발생합니다. 부리를 갖춥니다.

부리는 입에 해당하기도 합니다. 먹이를 씹어 먹으려면 턱과 이가 필요합니다. 무거운 구조입니다. 머리와 얼굴 부분은 비행 때 전진 저항을 가장 먼저 맞는 부위입니다. 작을수록 또한 유선형일수록 비행에 도움이 됩니다.

새는 먹이를 씹지 않고 삼키는 길을 택합니다. 턱 구조가 없고 무거운 이빨도 없습니다. 머리도 작습니다. 뇌 용량 역시 작습니다. 사는 데 꼭 필요한 정보만 저장한다면 굳이 클 필요가 없습니다. 비행을 위한 공기의 저항이 많이 줄어들었습니다. 그럼에도 제대로 날 수 없었나 봅니다. 몸속 장기를 정리합니다. 마땅치 않습니다. 간, 폐, 심장, 신장……. 줄이는 데 한계가 있습니다. 다행히 하나는 찾습니다. 대장. 구불구불 기다란 대장을 대부분 포기합니다. 몸이 무척 가벼워졌습니다. 대장의 가장 큰 기능은 배설물에 있는 수분을 흡수하여 그 양을 최소로 줄이는 것입니다. 대장이 짧으니 수분을 흡수하지 못합니다. 딱히 문제 될 것은 없습니다. 배설물이 생기면 액체 상태로 그냥 몸 밖으로 버리면 됩니다.

뿐만 아닙니다. 새끼를 키우는 일정 전체를 몸 안에서 치르지 않습니다. 몸 밖으로 알을 낳고 그 알을 품어 부화시키는 길은 선택했습니다. 알도 동시에 배 속에서 키워 낳으려면 몸이 최대로 무거워지는 시간이 생깁니다. 이를 피하기 위해 알도 저마다 성장 시기에 차이를 둡니다. 그래서 배 속에는 아주 작은 알부터 낳기 직전의 큰 알까지 연속적으로 있으며, 하루에 하나씩 알을 낳습니다. 그래도 뜻하는 대로 몸이 자유롭지는 못했던 모양입니다. 하나 더 포기합니다. 뼛속마저 비우고 공기로 채웁니다. 뼈 조직이 치밀하지 않아 충격에 취약한 존재는 되었으나 새는 마침내 자유의 몸이 됩니다. 그럼에도 순간순간을 간절함으로 채워가는 존재가 바로 새가 아닌가 싶습니다. 그리고 나 또한 그러한 간절한 삶의 모습을 닮고 싶기에 오래도록 몸과 마음을 다하여 어미 새가 어린 새들을 키워내는 일정에 빠져드는 것이 아닌가 싶습니다.

누구의 이름을 들으면 떠오르는 낱말이 있습니다. 다정하다, 따듯하다, 섬세하다, 친절하다, 급하다, 냉정하다, 쌀쌀맞다……. '동고비' 하면 나의 경우 '부지런하다'가 가장 먼저입니다. 그런데 '부지런하다'만으로는 살짝 부족한 느낌이 듭니다. 그래서 '부지런하고 바지런하다'로 바뀝니다. 이어 '알뜰하다'는 낱말이 스쳐갑니다. 그런데 역시 살짝 채워지지 않는 무엇이 있습니다. 다시 '알뜰하고 살뜰하다'로 바뀝니다. 부지런함과 바지런함, 알뜰함과 살뜰함의 정확한 차이도 잘 모르면서 말이지요. 세 번째는 '당차다'입니다. 이 낱말에는 더하고 뺄 것이 없습니다. 아주 좋은 공간이 있는데 입구가 너무 큰 것이 문제라면 작게 하거나 좁히면 됩니다. 모르는 이 없습니다. 다 압니다. 그러면 된다고 생각하며, 생각만으로 그치지 않고 "좁혀, 좁히면 되지!"를 외치기도 합니다. 하지만 생각에서 그치지 않고, 말로 그치지 않고 직접 그 길에 들어서는 이는 없거나 있다 해도 드뭅니다. 자연의 동물도 다르지 않습니다. 그럴 때 동고비는 그 길을 간 친구입니다. 넓으면 좁히고, 무너지면 또 쌓습니다. 당차다는 표현이 딱 알맞은 친구입니다.

《동고비와 함께한 80일》은 동고비가 딱다구리의 둥지 입구를 좁히기 시작한 첫날부터 어린 새 여덟 마리를 잘 키워 둥지를 떠나기까지의 80일을 기록한 책입니다. 80일의 기록을 마치고도 책을 내지 못했습니다. 여러 정황으로 볼 때 둥지를 좁히는 것이 암컷임은 분명해 보였습니다. 하지만 확신할 수 있는 증거가 없었습니다. 자연히 다음 해 또 보게 되었고, 짝짓기 때의 위치를 통해 둥지를 짓는 것이 암컷임을 확인한 뒤 책을 쓸 수 있었습니다. 그래서 제목은 80일이지만 실제 동고비를 만난 시간은 2년입니다.

고개를 쳐들 때 등이 활처럼 굽은(곧지 않고 한쪽으로 약간 급하게 휜) 듯이 보인다 하여 붙인 '등곱이'에서 이름이 유래했다고 알려진 동고비라는 한 종의 삶에 깊이 들어선 것까지는 좋았습니다. 기쁘고 행복한 여정이었습니다. 그래서 많이 알게 된 것까지도 좋았습니다. 그런데 그 과정에서 잘못 생각한 것이 있었습니다. 동고비는 이런저런 습성을 가진 새로 못을 박아버린 것이었습니다. 심지어 동고비는 모두 같다고 잘못 생각했습니다. 물론 같은 종이니

공유하는 특성이야 있습니다. 많습니다. 그렇다 하여 모든 동고비가 같은 것은 아닙니다. 사람도 그렇습니다. 머리, 얼굴, 목, 몸통, 두 팔, 두 다리가 있습니다. 얼굴에는 눈이 둘, 코 하나에 콧구멍은 둘, 그리고 입이 있습니다. 이것이 공통의 특징입니다. 그렇다 하여 사람이 모두 같은 것은 아닙니다. 오히려 똑같은 사람이 없습니다. 겉모습뿐만 아닙니다. 속모습도, 살아가는 모습도 저마다 다릅니다.

책도 썼으니 2년의 관찰로 동고비에 더 이상 마음을 두지 않을 수도 있었겠으나 지속적으로 저들의 삶에 동행하기를 얼마나 잘했나 모릅니다. 동고비에게서 한 해 한 해 다른 것을 볼 수 있었기 때문입니다. 게다가 다행히 《동고비와 함께한 80일》의 그 첫 동고비는 번식 일정의 여러 면에서 기준으로 삼아도 좋을 쌍이었습니다. 기준이 있어서 다름과 차이를 인지하기도 좋았습니다. 또한 새로운 다름과 새로운 차이가 동고비에 더 다가서는 바탕이 되지 않았나 싶습니다.

어느덧 동고비를 만난 지, 만나 사랑한 지 17년의 시간이 흘렀습니다. 《동고비와 함께한 80일》의 2년 이후로 15년이 더 지났으니까요. 짧다 할 수는 없는 시간이지만 한 해에 한 쌍과의 만남에 집중했기에 그리 긴 시간이 아닐 수도 있습니다. 짧다 할 수 없고 길다 할 수도 없는 시간 동안 내가 만난 한 생명, 동고비 이야기를 여러분 앞에 다시 내놓습니다.

특별히 바라는 것 없이 그저 내게 열린 하루하루를 성실하게 살아온 삶이었습니다. 《동고비의 시간: 생명 사랑으로 이어진 17년의 기록》을 쓰며 바람 하나가 생겼습니다. '동고비와 함께한 30년의 기록'도 쓰고 싶어졌습니다. 이루어지기를 소망합니다. 그래서 동고비의 숲도, 나도 건강했으면 좋겠습니다.

차례

1부

처음 2년의 만남,
《동고비와 함께한 80일》의 몇 이야기

동고비를 만나야 했던 이유

생명은 그 무엇이라도 이미 그 자체로 더 이상 아름다울 수 없는 것이라 여기며 살았습니다. 그러나 그 하나의 생명으로부터 다시 그를 닮은 새 생명이 온전히 완성되기까지 지나야 하는 간절함에 대해서는 제대로 알지 못했습니다. 그것은 지금까지 막연하게 생각했던 경이로움과는 또 다른 것이었습니다. 큰오색딱다구리 한 쌍이 새끼를 키워내는 과정을 지켜보며 참 많이 부끄러웠습니다. 나 역시 한 아버지의 아들인 동시에 한 아들의 아버지이기에 더욱 그러했습니다. 큰오색딱다구리 한 쌍은 자신들이 가지고 있는 모든 것을 어린 새들에게 다 주고 있었습니다. 물론 되돌아오는 것은 아무것도 없었습니다. 자신의 생명을 버려야 하는 위협 앞에서 전혀 머뭇거리지 않는 모습도 보여주었습니다. 이 모든 것이 이미 유전자에 새겨진 본능이라고 한다면 더 이상 할 말은 없습니다. 하지만 그리 믿지 않기로 했습니다. 그들은 적어도 사랑이라는 것이 어떤 모습이어야 하는지에 대해서만큼은 분명히 알게 해주었기 때문입니다.

어린 큰오색딱다구리 둘째마저 둥지를 떠나던 날에는 많이 울었습니다. 부모의 사랑을 제대로 알지 못하고 살았던 것과 아비로서 해야 할 일을 온전히 하지 못하고 있는 것에 대한 죄송함과 미안함의 눈물이었습니다. 그래서 그들이 떠나 다시 오지 않았어도 나는 그 둥지를 완전히 떠나지 못하고 있었습니다. 그렇게 서성거리기를 몇 달이 지났을 때 큰오색딱다구리의 둥지가 말벌의 둥지로 바뀌는 것을 보았습니다. 그 모습을 보며 우리가 사는 모습과 달리 자연에 있는 것은 그 어느 것도 허투루 버려지지 않고 온전히 다시 쓰인다는 것을 알게 되었습니다. 그 후로 딱다구리의 둥지만 찾아다녔고, 그 과정에서 번식을 끝내고 비어 있는 딱다구리의 둥지는 딱다구리의 둥지로 끝나는 것이 아니라 나무를 파낼 능력이 없는 다른 많은 생명체에게 더없이 귀한 선물이 된다는 것을 알게 되었습니다.

우선 딱다구리의 둥지는 큰소쩍새, 원앙과 같은 텃새들은 물론, 늦은 봄 우리나라에 찾아오기에 둥지를 지을 시간조차 줄여야 할 정도로 번식 일정이 빠듯한 파랑새, 호반새, 소쩍새와 같은 여름철새에게는 가뭄 속 단비와 같은 둥지가 되고 있었습니다. 또한 새들뿐만 아니라 다람쥐, 하늘다람쥐와 같은 포유동물에게도 아늑한 잠자리는 물론, 새끼를 키울 수 있는 훌륭한 둥지로 이용되기도 했습니다.

그런데 딱다구리의 둥지를 이용하는 새 중에 아주 재미있는 친구가 눈에 띄었습니다. 딱다구리의 옛 둥지를 있는 그대로 사용하는 것이 아니라 제 몸에 맞게 다시 꾸며서 번식을 하는 친구로, 동고비라는 이름을 가진 아주 작은 새입니다.

1 큰오색딱다구리는 둥지를 짓고, 알을 품고, 부화한 어린 새에게 먹이를 나르는 번식 일정 전체를 낮에는 암수가 교대하며 치르지만 밤에는 수컷만이 둥지를 지킵니다. 알을 품는 시기에, 밤을 새워 지켜야 할 둥지에 들어가기 전 잠시 숨을 고르고 있는 수컷의 모습입니다. 수컷은 머리 위에 붉은색 털이 돋아 있습니다.

2 부화한 어린 새에게 먹이를 나르는 시기에 수컷이 교대해 줄 시간이 조금 늦어지자 암컷이 고개를 내밀고 수컷을 기다리고 있습니다. 암컷은 머리 위에 붉은색 털이 없습니다.

3 어린 큰오색딱다구리의 경우 성체와 달리 암수 모두 머리에 붉은색 털이 돋아 있지만 수컷은 붉은색 부위가 넓은 것이 특징입니다.

1 어린 큰오색딱다구리 암컷은 머리 위에 돋아난 붉은색 부위가 좁습니다.

2 큰오색딱다구리 가족이 둥지를 떠나고 몇 달이 지난 뒤 큰오색딱다구리의 빈 둥지는 말벌의 둥지로 바뀌어 있었습니다. 번식을 마친 큰오색딱다구리의 둥지가 허투루 버려지지 않고 다른 생명에 의해 다시 쓰인다는 것을 알게 해준 계기가 되었으며, 이후로 딱다구리의 둥지를 이용하는 다른 생명체에 깊은 관심을 가지게 되었습니다.

3 동고비는 큰오색딱다구리의 둥지를 있는 그대로 사용하지 않고 제 몸에 맞게 다시 꾸며서 번식하는, 아주 흥미로운 작은 새입니다.

기다림과 만남

너무나 궁금했습니다. 동고비라는 새는 딱다구리의 옛 둥지 입구에 진흙을 발라 공간을 좁힌 후 자신의 둥지로 삼는다는데, 그 과정이 구체적으로 어떻게 이루어지는지 정말 궁금했던 것입니다. 이미 딱다구리 둥지에 숨겨진 과학과 지혜에 흠뻑 반해 있었기에 더욱 그러했습니다.

지난해(2007년) 큰오색딱다구리를 관찰하며 가장 힘들었던 것은 학생들에 대한 미안함이었습니다. 선생이 학생 앞에 서려면 몸과 마음이 맑아야 하는 것은 물론, 충분히 준비해야 하는데 그렇지 못한 시간도 있었습니다. 어느 날은 익히 알고 있는 구조식 하나를 그리려고 칠판을 향해 돌아섰다가 왜 돌아섰는지 기억이 나지 않아 잠시 멍하니 서 있던 때도 있었습니다. 거의 잠을 못 자는 날들이 이어지며 피로가 쌓이니 고단함이 도를 지나쳐 순간 아무 생각도 나지 않았던 것입니다. 또다시 같은 일을 반복하고 싶지 않아 올해(2008년)는 휴직을 신청했습니다. 한 해 동안 강의를 쉬는 것도 17년 동안 학생들을 만나며 조금은 느슨해진 간절함을 조이는 데 도움이 되겠다 싶기도 했습니다.

동고비를 만나려면 먼저 딱다구리의 둥지를 찾아야 하는데, 학교가 지리산 자락에 자리 잡고 있으니 멀리 갈 이유는 없었습니다. 우선 학교에서 이어지는 산책로를 둘러보았습니다. 터널을 통해 새로운 길이 생기며 잊힌 길이라 오가는 사람도 없고 지나는 차도 드문 아주 한적한 곳입니다. 산책로 양쪽에 서 있는 나무를 대상으로 딱다구리의 둥지를 찾아 나섰습니다. 길을 따라 3.2킬로미터를 이동하며 살펴보니, 다행히 딱다구리가 번식을 위해 사용했을 법한 둥지가 열두 개 있었습니다. 딱다구리가 둥지를 지은 나무는 오동나무, 감나무, 양버즘나무(플라타너스)가 각각 한 그루씩이었고, 은사시나무가 두 그루, 소나무는 세 그루, 그리고 은단풍이 네 그루였습니다.

아직 2월 중순이니 동고비가 벌써 번식 일정을 시작할 가능성은 거의 없지만 그래도 나는 일정을 시작해야 했습니다. 더러 무지하게 부지런한 동고비가 있을 수도 있겠고, 번식 과정을 처음부터 빠짐없이 알고 싶었기 때문이었습니다. 먼저 딱다구리의 옛 둥지마다 30분씩 머물며 지켜보다가 다른 둥지로 이동하는 방법을 택했습니다. 그렇게 오고 가고를 반복하다 보면 꼬박 하루가 걸렸습니다. 열두 그루의 나무 중 적어도 어느 한 곳에 동고비가 나타나주기를 바라는 마음뿐이었습니다.

1	3
3	4
5	6

동고비가 나타나기를 기다리며 관찰을 시작한 12군데 딱다구리의 옛 둥지입니다.
① 오동나무 둥지 ② 감나무 둥지 ③, ④, ⑤ 소나무 둥지
⑥ 양버즘나무 둥지

⑦, ⑧ 은단풍 둥지 ⑨, ⑩ 은사시나무 둥지
⑪, ⑫ 은단풍 둥지

7	8
9	10
11	12

드디어 관심을 보이는 친구가 나타납니다. 어디서 오는 줄도 모르게 획 날아온 동고비가 산책로 중간 즈음에 있는 일곱 번째 나무의 딱다구리의 옛 둥지 앞에서 둥지 안을 슬쩍 들여다본 다음 다른 새들에게서는 볼 수 없는 독특한 자세를 취합니다. 만남을 기다린 지 2주가 지난 3월의 첫날 점심 무렵입니다.

딱다구리는 둥지를 지을 때 충분히 파 내려가지 않고 입구 정도만 뚫어놓을 때가 많습니다. 겉으로 봐서는 완성된 둥지인지, 아니면 그저

드디어 딱다구리의 옛 둥지에 관심을 보이는 동고비가 나타났습니다.

동고비가 관심을 보이고 있는 둥지는 다람쥐가 들락거릴 정도였으니, 입구뿐만 아니라 내부까지 완성된 둥지인 것이 분명합니다.

입구만 만들어진 것인지 알 길이 없다는 뜻입니다. 그러나 이 둥지는 다람쥐도 유난히 관심을 보이며 드나들던 곳이었으니 딱다구리가 분명 번식까지 치러낸 둥지였을 거라 여기고 있던 터였습니다.

동고비가 리모델링을 하려는 딱다구리의 옛 둥지는 산책로를 따라 띄엄띄엄 서 있는 은단풍에 지어져 있습니다. 은단풍은 낙엽이 지는 교목으로, 자생지인 미국에서는 40미터까지 크지만 지금 이 나무의 키는 25미터 정도입니다. 생장이 빠르고 나무의 전체적인 모습도 아름다워 가구 재료로도 사용하고, 여름에 그늘을 드리울 목적으로 우리나라에는 1900년대 초기에 들여와 공원에 주로 식재되었으며, 가로수로도 많이 심겨 있습니다.

은단풍과 비슷한 나무 중에 설탕단풍이 있습니다. 설탕단풍의 수액은 와플이나 팬케이크에 뿌려 먹는 메이플 시럽을 만드는 원료로 사용되며, 캐나다 국기에 그려진 단풍잎이 바로 설탕단풍의 잎입니다. 우리나라에 자생하는 나무 중 이른 봄날 수액을 얻는 나무로 많이 알려진 고로쇠나무가 있는데, 은단풍과 설탕단풍도 수액을 얻을 수 있는 나무입니다. 고로쇠나무, 은단풍, 설탕단풍 모두 무환자나무과 단풍나무속에 속하는 서로 친척뻘이 되는 나무이기에 그렇습니다.

지금 산책로에 있는 대부분 은단풍의 밑동에는 중환자실의 환자만

동고비가 관심을 보이는 딱다구리의 옛 둥지를 품고 있는 은단풍의 모습입니다.

큼이나 호스가 여러 줄 달려 있습니다. 수액을 채취하고 있기 때문입니다. 동고비가 둥지를 지으려는 은단풍은 나무의 기세가 너무 약해져서 드릴로 구멍을 뚫고 호스를 연결한다 해도 수액을 얻기 힘들다고 판단한 것인지 바로 옆에 서 있는 다른 은단풍처럼 호스를 줄줄이 달고 있지는 않습니다.

동고비가 둥지를 짓기 위해 관심을 보인 딱다구리의 옛 둥지는 땅에서 약 10미터의 높이에 있습니다. 딱다구리 둥지의 입구는 딱다구리의 종류에 따라 크기와 모양이 다른데, 이 둥지의 입구는 조금 애매합니다. 크기로 봐서는 청딱다구리의 둥지로 보이고, 높이나 형태로 봐서는 큰오색딱다구리의 둥지로 보입니다.

열두 군데의 관찰 여건이 모두 같을 수는 없는 노릇입니다. 마음속으로 꼽은 좋은 곳 세 군데와 나쁜 곳 세 군데가 있었는데 이 둥지는 나쁜 쪽 2위에 해당하는 곳입니다. 동고비는 크기가 작으며 무척 빠른 데다 암수가 외형으로는 구별조차 되지 않습니다. 또한 관찰과 촬영 여건도 좋지 않으니 번식 생태를 알아가는 것이 험난한 일정이 되겠지만 어쩔 수 없습니다. 시작합니다.

둥지 다툼과 둥지의 주인

첫 번째 동고비가 나타난 이후로 동고비들이 점점 모여들기 시작하며 둥지를 차지하기 위한 치열한 쟁탈전이 벌어집니다. 많게는 여덟 마리가 보일 때도 있는데, 그중 가장 강하게 둥지에 대한 애정을 보이며 둥지를 지키는 동고비는 맨 처음 둥지에 관심을 보인 친구입니다. 입구를 딱 차지하고 접근하는 동고비들을 모두 몰아내는데, 때론 공중전이 펼쳐지기도 합니다. 동고비가 내는 소리의 기본음은 '휫' 하는 소리입니다. 그 소리를 더 길게 해서 '휘잇', '휘이잇', '휘이이잇' 소리를 내고 또 그 소리들을 조합해서 내기도 합니다. 가장 긴 소리를 낼 때는 '휘리리리리리리리리릿' 하는 소리로 들립니다. '삣'에 가까운 높은음의 '휫' 소리여서 여덟 마리가 한 나무에 모여 소리를 낼 때는 더러 귀가 따갑기까지도 합니다. 어둠이 내리면 일단 휴전에 들어갑니다. 그리고 그토록 둥지를 지키려 애쓰던 친구도 둥지에서 잠을 자지 않고 어디론가 사라져 나타나지 않습니다.

다음 날 이른 아침, 먼 동쪽 숲에서 '휫 휫 휫 휫' 하는 소리가 들리기 시작합니다. 소리가 점점 커진다 싶을 즈음 아직 잎눈도 제대로 돋지 않은 마른 나무들 사이로 둥지를 향해 접근하는 부지런한 동고비 한 마리가 눈에 들어옵니다. 어제 둥지에 가장 먼저 나타나 둥지를 지켰던 친구로 보이나 확인할 길은 없습니다. 둥지 위쪽으로 내려앉은 동고비가 아예 머리를 아래쪽으로 향한 채 줄기를 타고 달리듯 둥지로 내려옵니다. 동고비는 최고의 나무타기 선수입니다. 나무줄기에 매미가 달라붙듯 앉아 줄기를 똑바로 보고 이동할 수 있는 새로는 동고비, 딱다구리 종류, 나무발발이가 있습니다. 딱다구리 종류와 나무발발이도 아래에서 위쪽으로 올라갈 때는 나무타기의 선수로 손색이 없지만, 위에서 아래로 내려올 때는 불편한 뒷걸음을 치게 됩니다. 그러나 동고비는 위아래 구분 없이 이동하는 방향으로 머리를 앞두고 움직이니 그야말로 최고의 나무타기 선수라 할 수 있습니다.

그런데 조금 이상한 점이 있습니다. 둥지를 지키려면 둥지 안으로 들어가 밖으로 고개 정도를 내밀고 방어하는 것이 훨씬 수월할 텐데 둥지 안으로는 들어가지 않습니다. 시간이 흐르면서 동고비들이 하나씩 모여들기 시작합니다. 오늘도 둥지 쟁탈전에 참여하는 동고비는 모두 여덟 마리입니다. 하지만 둥지를 차지하기 위한 다툼은 일대일로 이루어집니다. 이른 아침 둥지에 가장 먼저 날아와 둥지를 미리 차지하고 지키는 동고비가 둥지에 접근하는 다른 동고비를 둥지 앞에서 바로 몰아내기도 하고, 때로는 조금 멀리까지 쫓아가 내치기도 합니다. 둥지가 비는 그사이에 또 다른 동고비가 둥지를 차지하기도 하지만 내치고 돌아온 동고비는 잠시 둥지를 차지했던 동고비를 끝내 몰아내고 맙니다. 잠시라도 눈을 떼면 누가 누군지 도저히 알 수 없는 상황이 벌어지고 있습니다.

숨 돌릴 틈 없이 이어지던 둥지 다툼은 오후로 들어서야 끝이 났습니다. 결국 맨 처음 둥지에 관심을 보였던 동고비가 일곱 마리를 모두 몰아낸 것으로 보입니다. 둥지를 차지한 동고비의 내공도 대단했지만 밀려난 나머

일곱 마리의 경쟁자를 모두 물리치고 둥지의 주인이 된 동고비가 둥지 입구에서 멋진 자세를 취하고 있습니다.

지 일곱 마리의 동고비도 만만치 않았습니다. 하지만 이 둥지에는 더 이상 미련을 두지 않습니다. 둥지 다툼에서 밀린 후로 모습을 나타내지 않았기 때문입니다. 아마도 힘의 우위를 인정하며 곧바로 포기하고, 이 둥지 다음으로 좋은 곳을 찾아 또 둥지 다툼을 벌이고 있는 모양입니다. 잠시 틈을 내어 다른 열한 개의 둥지를 둘러보았으나 어느 둥지에서도 동고비의 모습은 찾을 수 없었습니다. 그렇다면 이 지역의 경우 지금의 둥지가 동고비에게는 무척 매력이 있다는 뜻일 텐데, 아직 그 이유는 모르겠습니다. 해가 지고 땅거미가 내려앉자 둥지의 새로운 주인이 된 동고비가 오늘도 숲 속 어디론가 사라져 돌아오지 않습니다. 잠은 다른 곳에서 잡니다.

다음 날 아침, 동고비 두 마리가 둥지에 사이좋게 나타납니다. 분명히 둥지를 차지한 친구가 제 짝과 함께 온 것일 터인데 크기와 색은 물론 체형까지 같아 누가 누구인지 도저히 구별할 수가 없습니다. 하지만 행동의 차이는 있습니다. 둥지 쟁탈전 때처럼 지금도 한 친구는 둥지 안으로 들어가지 않습니다. 주변 경계만 합니다. 그런데 새로 온 친구는 둥지 안

둥지를 차지한 동고비가 짝을 데리고 와 선을 보이고 있습니다.

으로 완전히 들어갔다 나옵니다. 그리고 둥지가 마음에 드는 모양입니다.

당연한 일이겠지만, 새로운 둥지를 지을 때 가장 먼저 하는 일이 옛 둥지의 청소일 줄은 몰랐습니다. 동고비 하나가 둥지 안으로 들어가 둥지 안에 있는 쓰레기를 모두 밖으로 던집니다. 둥지의 옛 주인인 딱다구리는 나무를 파낼 때 생기는 작은 나무 부스러기를 바닥에 그대로 깔아 둥지의 바닥 재료로 삼습니다. 톱밥처럼 말입니다. 그런데 동고비는 바닥에 쌓여 있는 나무 부스러기를 모두 밖으로 버리고 있으며, 그리하는 동안 다른 친구는 둥지가 마주 보이는 상수리나무에 앉아 쉬지 않고 소리를 내며 경계를 서주고 있습니다.

딱다구리과의 새들은 둥지를 짓는 일부터 알을 낳아 품고 부화한 어린 새에게 먹이를 나르는 모든 번식 일정을 암수가 교대하며 치릅니다. 그러나 동고비는 아예 암수가 하는 일 자체를 서로 달리하는 역할 분담의 체계를 보이고 있습니다. 앞으로도 이러한 체계를 끝까지 유지할 것인지는 더 살펴보아야겠습니다.

진흙을 나르는 동고비

청소를 모두 마치고 나더니 예상대로 진흙을 나르기 시작합니다. 한쪽은 잘 다져진 콩알 크기만 한 진흙을 물어오고, 다른 한쪽은 둥지가 잘 보이는 맞은편 나무에 앉아 경계를 섭니다. 3월 초면 봄 가뭄이 심한 때입니다. 진흙을 구할 곳이 마땅치 않을 텐데 5분 정도의 간격으로 진흙을 잘도 물어옵니다. 주변에 저수지는 물론 논과 밭도 없으니 진흙을 가져올 곳이 있다면 계곡 주변뿐입니다. 진흙을 나르기 위해 오가는 동선이 항상 같기에 따라가 보니 물은 거의 흐르지 않지만 정말 작은 계곡이 나타납니다. 바위 뒤로 몸을 숨기고 위장 천을 둘러쓴 채 지켜보기로 합니다. 잠시 시간이 흐르자 계곡 가장자리에 앉은 동고비가 진흙을 부리로 떼어낸 뒤 머리까지 움직이며 몇 번 굴려 다진 다음 둥지를 향해 날아가는 모습이 보입니다. 동고비들이 가장 먼저 이곳의 둥지를 두고 그리 각축전을 펼쳤던 이유는 아마도 이 둥지가 진흙을 구하기에 가장 좋은 조건을 갖추었기 때문이었을 것이라는 생각이 듭니다.

계곡에서 진흙을 가져와 둥지로 들어가기 전에 몸을 돌려 주위를 살피고 있습니다.

동고비가 둥지를 지으며 역할 분담을 하는 이유도 어렴풋이 짐작됩니다. 딱다구리가 사용했던 둥지에 어떤 식으로 진흙을 붙여 자신의 둥지로 삼는지는 아직 정확히 알 수 없습니다. 하지만 둥지에 진흙을 붙이는 것은 분명한 일이고, 진흙을 붙이려면 구멍 안으로 고개를 넣어야 하므로 등 뒤에서 어떤 일이 벌어지고 있는지 제대로 살필 수 없다는 것도 틀림없습니다. 이것이 누군가 반드시 경계를 서주어야 하는 가장 큰 이유가 아닐까 싶습니다. 몇 가지 방법이 있겠으나 한쪽은 후방에 대한 염려 없이 둥지를 짓는 일에 전념하고, 다른 한쪽은 둥지를 짓는 쪽을 지켜주는 역할 분담의 체계보다 더 좋은 방법은 없어 보이는데, 이들은 실제 그리하고 있습니다. 경계를 서는 쪽은 계속해서 소리를 내줍니다. 뒤는 내가 잘 보고 있으니 아무 걱정하지 말고 둥지를 지으라는 뜻으로 들립니다. 둥지를 짓는 쪽도 소리가 들리는 한 후방에 대해 특별히 걱정할 일이 없다는 것을 아는 듯합니다.

여기에서 누가 암컷이고 누가 수컷이냐 하는 것이 궁금해집니다. 경계를 서는 일과 둥지를 짓는 일을 암수가 확실히 나누어서 하고 있으니 아무래도 경계를 서는 일은 수컷의 몫일 가능성이 높아 보입니다. 그렇다면 진흙을 나르는 친구는 자연히 암컷이 됩니다. 그리고 둥지를 짓는 일은 결국 알을 낳아 키울 공간을 만드는 일이니 암컷이 짓는 것이 좋겠다는 생각도 듭니다. 하지만 문제가 있습니다. 진흙을 나르는 일이 만만해 보이지 않는다는 것입니다. 게다가 산란을 앞둔 암컷의 몸이 무거워질 것을 생각하면 암컷이 진흙을 나르는 것은 너무 가혹하지 않나 싶기도 합니다. 우선 이 정도의 가능성을 염두에 두고 더 살펴보는 것밖에는 다른 길이 없어 보입니다.

남북으로 뻗은 산책로에서 북쪽을 보고 서 있을 때 둥지가 있는 나무는 오른쪽, 곧 동쪽에 서 있고, 경계를 서는 나무는 왼쪽, 곧 서쪽에 있습니다. 둥지가 있는 나무와 경계를 서는 나무는 산책로를 사이에 두고 마주 보는 꼴입니다. 그리고 둥지의 입구는 서쪽을 향해 있습니다. 또한 진흙을 가져오는 계곡이 서쪽에 있으므로, 동고비가 둥지를 나서서 방향을 바꾸지 않고 똑바로 날아가면 경계를 서는 나무를 지나 계곡에 이르게 됩니다.

진흙을 가지러 갈 때는 암수가 함께 갈 때가 많습니다. 먼저 둥지를 짓는 쪽이 둥지를 나서서 경계를 서는 나무를 지나 계곡 쪽으로 향하면,

경계를 서던 쪽도 계속 소리를 내며 뒤따라갑니다. 하지만 진흙을 가지고 올 때는 경계를 서는 쪽이 먼저 옵니다. 둥지 입구로 먼저 와 주위를 살피고 있다가 진흙을 가져온 쪽이 둥지에 이르면 맞은편 경계를 서는 나무로 이동하기도 하고, 아예 처음부터 경계를 서는 나무로 날아와 자리를 잡고 둥지 입구에 위험한 요소가 없는지 챙겨주기도 합니다. 더러 진흙을 가져오는 쪽 혼자 다녀올 때도 있는데, 그럴 때면 경계를 서는 쪽은 둥지 입구로 와서 둥지를 지키다가 진흙을 물고 온 쪽이 오면 다시 제자리로 돌아갑니다. 어떠한 경우라도 경계를 서는 쪽은 계속해서 소리를 내주는 것을 잊지 않습니다. 목이 온전할지 모르겠습니다.

둥지에서 계곡까지는 50미터 정도의 거리로 급경사이며, 둥지가 있는 나무는 높은 곳에 있고 계곡은 낮은 곳에 있습니다. 날아다니지만 진흙을 물고 오기에 가까운 거리는 아닙니다. 그래서 그런지 진흙을 물고 바로 둥지로 오지는 않습니다. 항상 경계를 서는 나무 또는 그 주변의 나무에 잠시 앉아, 물고 날아오는 동안 흐트러진 진흙을 다시 잘 추스른 뒤 둥지로 옵니다. 진흙을 다시 추스르는 높이는 딱 둥지 입구의 높이입니다. 계곡의 경사를 따라 일정한 높이를 유지하며 오다가 솟구치듯 둥지와 같은 높이로 올라와 진흙을 다시 다진 뒤 직선으로 둥지를 향해 이동합니다. 둥지 입구에 와서도 아무렇게나 진흙을 붙이는 일은 거의 없습니다. 둥지의 입구를 잘 살펴보면 아래쪽 중앙에 작은 홈이 있는데 그곳에 대고 진흙을 굴려 점도를 조절한 뒤에 붙입니다. 진흙은 하루에 50번 정도 가져옵니다.

진흙을 가져오는 계곡은 둥지에서 50미터 정도 떨어져 있습니다. 계곡에서 진흙을 뭉쳐 가져오기는 하지만 둥지에 도착할 즈음이면 물어 나른 진흙이 흐트러져 있는 경우가 많습니다.

진흙을 나르는 동고비가 진흙에 보이는 애정은 정말 눈물겹습니다. 가끔 둥지 입구까지 잘 가지고 온 진흙을 실수로 떨어뜨릴 때가 있습니다. 그럴 때마다 자유낙하 하는 진흙을 쏜살같이 뒤따라가 땅에 닿기 전에 곡예를 하듯 공중에서 낚아챕니다. 만약 공중에서 잡지 못하고 놓쳐 땅에 떨어지면 덤불 사이를 헤쳐서라도 끝내 찾아 다시 둥지로 가지고 옵니다. 하지만 그토록 애지중지하는 진흙도 그냥 툭 버릴 때가 있습니다. 내 눈에는 온전해 보이는 데도 말입니다. 아무리 애써 가져왔어도 둥지를 짓는 용도에 맞지 않는 진흙이라면 미련 없이 버릴 줄도 압니다.

계곡에서 진흙을 구해 둥지로 날아오는 중에 흐트러진 진흙은 둥지 맞은편 나무의 반죽하기 좋은 위치에 앉아 다시 잘 다진 뒤 둥지로 가지고 옵니다.

둥지를 짓는 시간이 흐름에 따라 진흙을 가지러 계곡으로 향하는 방향과 가져오는 진흙의 성질이 조금씩 변하고 있습니다. 진흙이라고 다 같을 수는 없습니다. 둥지를 짓는 시기에 따라 진흙의 입자를 포함한 구체적인 성분과 조성도 시기에 적절한 것을 가져오는 것이 틀림없어 보입니다. 처음에는 순수하게 진흙만을 가져오더니 시간이 지나면서 이끼나 풀뿌리가 섞여 있는 진흙을 가져올 때가 많습니다. 이끼와 풀뿌리의 용도는 우리가 황토로 집을 지을 때 황토가 더 잘 굳도록 황토에 옥수수줄기나 볏짚을 잘라 섞는 것과 크게 다르지 않아 보입니다.

둥지를 짓는 시간이 흐름에 따라 가져오는 진흙의 성질도 변합니다. 풀뿌리나 이끼가 섞여 있는 진흙을 가져오는 일이 많아졌는데, 풀뿌리와 이끼는 진흙을 더 잘 굳게 하는 역할을 해줄 것으로 보입니다.

이번에는 카메라를 둘러메고 다시 한번 계곡으로 내려가 봅니다. 철저히 위장하고 세 시간 가까이 기다리니 바로 눈앞에 동고비가 나타나 진흙을 뭉치는 모습이 보입니다. 계곡 언저리로, 이끼와 풀뿌리와 진흙을 함께 구하기에 좋은 곳이었습니다.

지구상에 출현한 시기로 볼 때 현재의 모습을 갖춘 조류는 중생대 백악기에 출현한 것으로 추정하고 있으며, 현대인은 신생대 제4기의 현세에 출현한 것으로 알려져 있습니다. 새는 인간과는 비교도 되지 않는 시간을 앞서 이 지구에 이미 존재하며 집을 짓고 살았던 것입니다. 그러니 우리가 집을 짓는 방법으로 택하고 있는 것들이 어쩌면 새가 집을 짓는 과정을 보고 배운 것인지도 모르겠습니다.

계곡에서 바로 이어지는 습한 경사면에서 동고비가 이끼와 풀뿌리가 섞인 진흙을 뭉치고 있습니다.

이후로 둥지를 완성하기까지의 이야기, 알을 낳아 품고 부화한 어린 새를 키우는 과정, 다 큰 어린 새가 둥지를 떠나 자연의 품에 안기는 이야기가 이어집니다. 첫 이야기인 〈동고비를 만나야 했던 이유〉에서부터 어린 동고비 여덟 마리가 건강한 모습으로 꼬리를 잇듯 둥지를 떠나는 이야기인 〈동고비 8남매〉까지는 32꼭지에 이릅니다. 은단풍 둥지에서 동고비 한 쌍을 처음 만난 날을 시작으로 어린 새가 둥지를 떠나기까지 딱 80일이 걸렸습니다. 그래서 《동고비와 함께한 80일》이라는 제목이 나오게 됩니다. 그런데 80일을 하루도 빠짐없이 저들과 동행했어도 책은 낼 수가 없었습니다. 꼭 확인해야 할 것이 있었습니다. 여러 가지 정황으로 둥지를 짓는 것이 암컷인 것이 확실해 보였으나, 그래 보이는 것으로 책을 낼 수는 없었던 것입니다. 다음 해에 또다시 동고비를 만나야 했고, 둥지를 짓는 것은 암컷이 확실하다는 결론을 얻어 33번째 꼭지 〈다시 만난 동고비〉가 추가되면서 《동고비와 함께한 80일》이 세상과 만나게 됩니다.

동고비 한 종의 번식 과정을 2년에 걸쳐 관찰한 셈입니다. 더군다나 첫해는 직장까지 쉬며 한순간도 놓치지 않고 보려 애썼습니다. 두 번째 해에도 휴직만 하지 않았을 뿐 사실 첫해와 크게 다르지 않았습니다. 교수는 수업 시간 자체가 많지 않고, 둥지 나무는 연구실에서 차로 3분 거리였으니까요. 수업 준비는 밤에 하면 되었고요. 그렇게 해서 두툼한 책 한 권을 펴냈으니 그것으로 끝이었기 쉽습니다. 그런데 묘한 여운이 남았습니다. "동고비라 하여 다 같을까?" 하는 궁금증이 이미 싹트고 있었던 것입니다. 그래서 더 보게 되었는데 나도 모르게 시간이 쌓여 어느새 17년이 되고 말았습니다. 다른 점이 많았다는 뜻이겠지요. 이제 동고비라는 한 생명의 '같음이라는 바탕'과 그 위에 서는 '다름'의 세계로 여러분을 안내합니다.

2부

그 이후의 15년

동고비 둥지와 나무(수종)

번식을 앞두고 짝을 정한 새가 맨 처음 하는 일은 둥지 짓기입니다. 동고비는 수동(樹洞, cavity)을 활용하여 둥지를 마련하는 새입니다. 수동은 나무속에 생긴 공간을 말하며 자연 수동과 딱다구리가 만든 수동이 있습니다. 자연 수동은 거친 바람이나 폭설로 줄기 가까운 곳에서 가지가 부러지고 빗물이 닿아 썩어 들어가며 생깁니다. 15년 동안 동고비의 둥지 자체는 50곳 넘게 만났으나 수동을 진흙으로 좁힌 곳은 딱 한 곳뿐이었습니다. 나머지는 모두 딱다구리 둥지를 활용한 둥지였습니다.

● 딱다구리의 둥지

동고비의 경우 둥지만큼은 어쩔 수 없이 딱다구리에 의존할 수밖에 없습니다. 둥지를 지은 나무는 딱다구리가 정한 것이니 둥지 나무에 대한 선택권도 동고비에게는 없다는 뜻입니다. 딱다구리는 나무에 구멍을 뚫고 안으로 들어가 나무속을 파 내려가며 둥지를 짓는 아주 특별한 재주를 지닌 친구입니다. 둥지는 잠을 자는 둥지와 번식을 위한 둥지 두 종류를 짓습니다. 잠을 자는 둥지와 번식을 위한 둥지는 깊이와 넓이의 차이가 있지만 입구의 모습은 같기 때문에 겉으로 보아서는 어떤 둥지인지 구별하기 어렵습니다. 다만 잠을 자는 둥지는 대체로 몸 하나 들어가 잠만 자는 공간이므로 가느다란 나무에 지을 때가 많습니다. 동고비는 딱다구리가 잠을 자는 둥지를 보금자리로 삼지는 않습니다. 새끼를 키우기에 공간이 너무 좁기 때문입니다. 딱다구리는 어린 새들을 키워낼 공간을 마련하기 위해 번식 둥지를 꽤 넓고 깊게 파 내려갑니다. 넓게 파내야 하기에 번식 둥지를 지을 때는 조금 두꺼운 나무를 선택합니다. 딱다구리 종류마다 차이가 있지만 둥지를 지을 곳의 줄기의 지름이 적어도 20센티미터는 넘어야 번식 둥지를 위한 나무로 선택되는 것이 보통입니다. 둥지를 짓는 시간도 조금 오래 걸립니다. 잠을 자는 둥지는 3일 내외로 완성하지만 번식 둥지는 대개 3주 정도에 걸쳐 완성합니다.

둥지 입구의 크기와 모양, 그리고 둥지의 깊이는 딱다구리 종류에 따라 다릅니다. 가장 작은 딱다구리인 쇠딱다구리의 둥지 입구는 완전한 원형이며 100원 동전 크기입니다. 오색딱다구리는 탁구공, 큰오색딱다구리는 달걀, 청딱다구리는 자두, 가장 큰 딱다구리인 까막딱다구리의 둥지 입구는 참외 크기와 같은 모양입니다. 그러나 내부의 모습은 딱다구리 종류와 상관없이 거의 비슷합니다. 무를 세워둔 모양으로 아래로 내려가면서 조금씩 좁아집니다. 이는 거센 바람이 불어 둥지 부분이 부러지는 것을 막기 위한 방편으로 보입니다.

동고비는 쇠딱다구리의 둥지를 뺀 다른 모든 딱다구리의 둥지를 보금자리로 삼습니다. 그렇습니다. 입구가 어마어마하게 큰 까막딱다구리의 둥지도 보금자리로 사용합니다. 쇠딱다구리의 둥지를 이용하지 않는 까닭은 내부 공간이 좁기 때문입니다. 실제 쇠딱다구리의 둥지 입구는 동고비가 최종적으로 좁히는 입구 크기와 거의 비슷합니다. 그러니 진흙으로 좁힐 필요도 없이 그냥 쓰면 되는데 쓰지 않습니다. 내부 공간이 좁은 것 말고 다른 이유가 있어 보입니다. 진흙으로 입구를 좁히지 않은 둥지는 자신의 둥지가 아니라고 여기는 듯합니다. 이런 경우도 있습니다. 내부 공간도 넉넉한 데다 누가 사용하지 않아 입구가 점점 좁아져 마침 동고비가 좁히고자 하는 입구 크기의 둥지가 있더라도 동고비는 둥지로 삼지 않습니다. 있는 것을 그대로 쓰지는 않는다는 뜻입니다. 내가 직접 조금이라도 손을 대서 내 집으로 삼겠다는 자긍감이 큰 친구들이 아닐까 싶은 생각이 들기도 합니다.

수종과 수형의 선택

딱다구리가 둥지를 짓지 못할 나무는 없어 보입니다. 그러나 아무리 부리가 단단한 딱다구리라 하더라도 일부러 딱딱한 나무를 택할 이유는 없습니다. 실제로 재질이 무른 나무에 둥지를 짓는 경우가 많습니다. 일반적으로 성장 속도가 빠른 속성수가 재질이 무른 편인데 은사시나무, 현사시나무, 미루나무와 같이 흔히 포플러라고 부르는 사시나무속의 나무와 오동나무가 대표적인 예라 할 수 있습니다. 특히 오동나무는 청딱다구리 둥지가 가장 많은 나무입니다. 물론 딱다구리가 가장 좋아하는 나무는 수종에 관계없이 이미 죽었거나 죽어가는 나무입니다. 고사목은 살아 있는 나무보다 원하는 모양으로 나무를 파내기가 수월하며, 습도 조절 면에서도 유리합니다.

둥지 나무를 선택하는 데에 수종보다 더 중요한 것은 나무의 전체적인 모양, 곧 수형(樹形)입니다. 아무리 굵기가 적당하고 무르다 하더라도 곁가지가 많은 나무에는 둥지를 짓지 않습니다. 게다가 둥지 입구는 언제나 전방이 탁 트인 곳으로 방향을 잡습니다. 딱다구리는 둥지에 드나들 때 걸림이 생기는 것을 좋아하지 않는다는 뜻입니다. 근래 가로수로 각광을 받고 있는 메타세쿼이아를 예로 들어보겠습니다. 메타세쿼이아는 속성수로서 줄기도 시원스레 솟으며 재질이 무른 나무이지만 곁가지가 상당히 촘촘히 뻗어 있는 편입니다. 이런 형편의 메타세쿼이아에는 딱다구리가 둥지를 짓지 않습니다. 그런데 가지치기를 해서 곁가지를 정리해 주면 딱다구리가 둥지를 틉니다.

굵기도 적당하고 곁가지 없이 줄기가 쭉 뻗은 수형을 갖추었으며 재질이 무른 편인데도 딱다구리가 피하는 나무가 있습니다. 소나무입니다. 소나무는 나무 수 대비 딱다구리 둥지의 빈도가 가장 낮은 나무입니다. 아마도 송진 때문이 아닌가 싶습니다. 몸에 묻으면 떼어내기가 영 성가십니다. 물론 소나무도 고사목이 되면 애용합니다.

둥지의 높이

딱다구리 둥지의 높이는 종에 따라 다르며, 같은 종이라도 편차가 크지만 5~8미터의 높이에 가장 많은 둥지가 분포합니다. 둥지를 낮게 정하면 둥지 짓기에 알맞은 나무 두께를 확보한다는 면에서는 유리하겠지만 뱀이나 쥐를 비롯한 천적의 위협에 노출되기 쉽습니다. 그리고 둥지를 높게 정하면 천적을 피하기는 용이하겠으나 적당한 나무 두께를 확보하기 어려운 점이 있습니다. 5~8미터의 높이는 이 두 가지 문제를 절충한 높이로 여겨집니다. 그러나 청딱다구리는 둥지의 높이를 상당히 낮게 정하는 편입니다. 3미터를 넘지 않는 경우가 대부분일 정도입니다. 몸집도 크고 다른 딱다구리보다 경계심도 무척 강한 청딱다구리가 왜 그렇게 둥지를 낮게 짓는지는 알 수 없습니다.

딱다구리 둥지의 높이는 곧 동고비 둥지의 높이입니다. 하지만 동고비가 좋아하는 높이가 있어 보입니다. 6미터 내외에 동고비 둥지가 가장 많습니다.

둥지 입구의 방향과 입구의 보조 장치

어떤 나무를 보면 딱다구리의 둥지가 같은 방향으로 주르르 나 있는 경우가 있습니다. 열네 개의 둥지가 같은 방향으로 향해 있는 것을 보기도 했습니다. 우연이라고 하기에는 확률이 너무 낮습니다. 다른 방향은 안 되고 꼭 그 방향이어야 하는 이유가 있겠다는 생각이 들었습니다. 여러 해 발품을 팔아 살펴보니 딱다구리가 입구의 방향을 정할 때 몇 가지 고려하는 점이 있다는 것을 알게 되었습니다.

우선, 둥지의 입구는 비가 들이치는 방향을 피하도록 정합니다. 철저합니다. 딱다구리의 둥지는 나무줄기에 구멍을 파서 만드는 것이므로 웬만해서는 비가 들이치지 않는 구조입니다. 하지만 비가 한번 들이치면 해결이 어렵습니다. 더군다나 바닥에는 작은 나무 부스러기가 톱밥처럼 깔려 있어서 눅눅하고 습한 기운이 오래갑니다. 어린 새들을 키우기 위한 쾌적한 환경이 아닙니다. 지역에 따라 다소 차이가 있으나 번식이 이루어지는 봄철에 비가 오는 날의 주 풍향은 정해져 있습니다. 비가 오는 날의 주 풍향이 남풍인 지역에는 남쪽으로 입구가 향한 둥지가 없으며, 서풍인 지역 역시 서쪽으로 입구가 향한 둥지는 거의 없습니다. 자신이 서식하는 지역에서 비가 오는 날의 주 풍향을 귀신처럼 알고 있다는 뜻입니다. 그러나 주 풍향은 주 풍향일 뿐입니다. 더러 다른 방향으로 바람이 불기도 합니다. 이에 대한 대비인 듯 딱다구리의 둥지는 대부분 비를 막기 위한 보조 장치를 갖추고 있습니다. 둥지의 위치를 나뭇가지 바로 아래쪽으로 정하는 경우입니다. 나뭇가지는 우산 또는 처마의 역할을 톡톡히 해냅니다. 그리고 나무의 휜 부분 안쪽으로 둥지의 위치를 정할 때도 많습니다. 이 또한 비가 둥지로 들이치는 것을 막기 위한 일종의 보조 장치라고 할 수 있겠습니다.

앞서 말한 것처럼 딱다구리는 둥지 입구를 전방이 트인 곳으로 정합니다. 그런데 전방이 트이면 둥지가 쉽게 노출되는 단점을 떠안게 됩니다. 그러나 둥지 안에 들어가 있으면 밖에서는 있는지 없는지 분간할 수 없으므로 큰 문제가 되지는 않는 모양입니다. 이처럼 딱다구리는 전방이 트인 곳에 둥지를 트는 성향이 강하기 때문에 나무가 빽빽하게 들어선 숲에는 둥지가 거의 없습니다. 오히려 나무와 나무 사이의 거리가 넉넉한 숲에 둥지가 많습니다. 그리고 숲에서도 되도록 가장자리 나무를 택하며, 입구는 숲을 등집니다. 이는 둥지로 빛이 잘 들어오게 하려는 것과도 연관이 있어 보입니다. 딱다구리는 이 세 가지 요소를 종합적으로 고려하여 둥지 입구의 방향을 결정하는 것으로 보입니다. 게다가 동고비는 이러한 딱다구리 둥지를 진흙으로 더 좁히는 과정을 추가합니다. 결과적으로 딱다구리 둥지 입구에 깔때기 모양의 입구가 새로 생기는 꼴입니다. 둥지 안으로 비가 들이칠 가능성은 더욱 낮아집니다.

동고비와의 첫 만남을 포함한 17년 동안 1년에 적어도 한 곳의 동고비 둥지를 관찰했습니다. 동고비는 딱다구리 종류 가운데 가장 큰 까막딱다구리의 둥지도 줍혀 사용합니다. 그런데 멸종위기종이며 천연기념물인 까막딱다구리는 내가 거주하는 곳에서는 살지 않습니다. 하여 저들이 서식하는 경기 북부와 강원도에 가기도 했습니다. 모두 스물두 번의 번식 일정에 함께했고, 만난 둥지 나무는 모두 열일곱 그루입니다. 같은 나무에서 두 번 번식한 경우가 세 번 있었고, 같은 나무에서 세 번 번식한 예가 딱 한 번 있었습니다. 나머지는 해마다 둥지의 주인이 바뀌었습니다. 날마다 관찰한 둥지가 있고, 비슷한 일정이 이어질 때는 며칠 건너뛰기도 했으며, 특정 시기에만 집중해서 관찰한 둥지도 있습니다. 번식 일정을 성공적으로 마쳐 어린 새가 둥지를 잘 떠난 둥지가 있고, 중간에 둥지 나무가 부러지는 경우도 있었고, 둥지를 짓고 방심하여 보금자리가 완전히 망가진 경우가 있고, 암수의 손발이 제대로 맞지 않아 다투다 번식을 포기한 경우도 있었습니다. 끝까지 가지 못한 둥지의 경우 다른 둥지를 또 찾아 관찰했기 때문에 15년 동안 함께한 둥지는 모두 20곳입니다. 물론 같은 나무의 둥지를 해를 바꿔 또 보기도 했습니다.

여러 사연을 담은 열일곱 둥지의 수종을 살펴보면 은단풍과 소나무가 각각 네 그루로 가장 많았고 은사시나무가 두 그루로 뒤를 이었습니다. 양버즘나무, 오동나무, 벽오동나무, 메타세쿼이아, 전나무, 잣나무, 아까시나무는 각각 한 그루씩이었습니다. 이는 내가 관찰한 숲의 특성을 반영할 뿐 동고비 둥지가 일반적으로 이런 수종 분포를 보인다는 것은 아닙니다. 동고비는, 그 전에 딱다구리는 소나무에 둥지를 잘 짓는다고 말할 수도 없습니다. 전체 나무 숫자 대비 둥지 숫자는 소나무가 오히려 가장 낮습니다.

은단풍 둥지

소나무 둥지

소나무 둥지

은사시나무 둥지

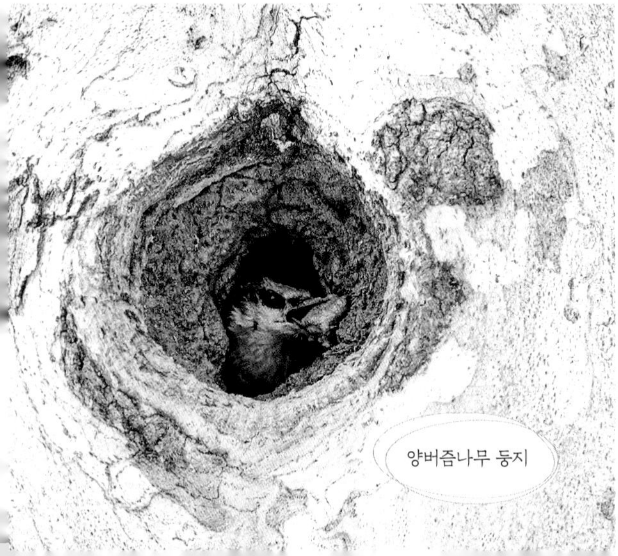

양버즘나무 둥지

오동나무 둥지

17년에 걸쳐 만난 동고비 둥지와 둥지 나무

동고비의 번식 일정

둥지 탐색과 둥지 청소

새의 번식 일정은 짝을 정하는 것으로 시작합니다. 수컷이 다양한 방식으로 자신의 능력을 한껏 드러내 암컷의 마음을 얻는 식으로 진행됩니다. 번식 시기에만 짝을 이루는 경우가 있고, 한번 맺은 인연을 죽을 때까지 가져가는 경우가 있는데 이는 종의 특성입니다. 번식 시기에만 짝을 이룰 경우 대체로 수컷들이 멋진 깃털로, 고운 노래로, 아름다운 둥지로 암컷의 마음을 사로잡습니다. 짝이 정해지면 둥지 짓기에 들어섭니다. 동고비는 기본적으로 부지런한 새입니다. 분명 그렇습니다. 짝을 이루는 것, 그리고 둥지를 짓는 것도 조금 일찍 이루어집니다. 부지런하고 바지런합니다. 탐을 내는 경쟁자들이 많은 딱다구리의 집을 둥지로 삼는다는 것과 작은 몸을 지녔다는 것이 그 이유일 것입니다.

3월에 들어섭니다. 마음은 벌써 봄을 딛고 있지만 주변을 둘러보면 아직은 겨울의 느낌이 강합니다. 스치는 바람에는 여전히 손이 시립니다.

숲의 모습도 변함없이 겨울을 붙들고 있습니다. 잎 하나 내지 못하고 빈 몸으로 얼어붙은 듯 서 있는 나무가 그러합니다. 결국 와준 시간은 시간일 뿐, 봄은 아직 멀리 있습니다. 새마저 움직임을 멈춘 채 어딘가에 몸을 숨기고 있습니다. 물론 모든 새가 그런 것은 아닙니다. 무척 분주한 새가 있습니다. 동고비입니다. 숲에 깃들인 생명들의 번식 일정은 대체로 4월에 시작됩니다. 동고비 또한 그때 시작하고 싶을지도 모릅니다. 하지만 그때 시작하여 경쟁 심한 딱다구리의 둥지를 차지할 가능성은 지극히 낮습니다.

딱다구리는 나무에 구멍을 뚫고 아래쪽으로 파 내려가 나무속에 공간을 만드는 식으로 둥지를 짓습니다. 비바람이나 눈보라가 몰아쳐도 걱정이 없습니다. 밖이 더울 때는 시원하고, 추울 때는 따뜻한 그야말로 낙원입니다. 또한 단단한 나무로 둘러싸여 있고 입구만 조금 열려 있는 구조입니다. 그릇 모양의 둥지와 달리 천적을 효율적으로 방어할 수 있다는 엄청난 장점도 있습니다. 그런데 문제가 있습니다. 나무를 파서 둥지를 지을 수 없는 숲의 다른 생명들이 이 꿈의 둥지를 그림의 떡으로만 여기지 않는다는 것입니다. 어떻게든 빼앗으려 몰려듭니다. 더욱이 숲 생명들의 번식기인 4월에 이르면 딱다구리 둥지에 대한 다툼은 절정에 이르게 됩니다.

동고비가 선택하는 길은 오직 하나, 일찍 시작하는 것입니다. 남들은 "이렇게 추운데 벌써 무슨 번식 준비야~~ " 할 때 부지런히 발품을 팔아 딱다구리가 사용하다 버린 둥지를 찾아 누구도 들어올 수 없게 진흙으로 입구를 좁히는 것입니다. 하여 눈발이 더러 날리는 2월 하순에도 동고비는 벌써 진흙을 물고 와 딱다구리의 둥지에 대한 재건축을 시작합니다.

물론 이에 앞서 해야 할 일이 있습니다. 재건축 일정의 처음은 '집보러 다니기'입니다. 이곳저곳 꼼꼼히 둘러보며 마땅한 둥지를 찾는 일은 대개 12월 초부터 시작합니다. 우선 비어 있는 둥지를 찾습니다. 동고비에게 딱다구리가 사용하는 둥지를 빼앗을 힘이 없습니다. 다행히 딱다구리는 여러 곳에 둥지를 만들며 그중에는 사용하지 않는 둥지들이 있기 때문에 발품만 열심히 팔면 좋은 둥지를 구할 수 있습니다. 좋은 둥지의 조건은 내부 공간의 규모입니다. 동고비는 보통 6~9마리의 어린 새를 키울 때가 많습니다. 좁은 둥지에서는 그 많은 어린 새를 키워낼 수가 없기에 넉넉한 공간이 확보되어야 하는 것입니다. 딱다구리 중 가장 작은 쇠딱다구리의 둥지는 입구가 100원 동전 정도의 크기입니다. 동고비가 진흙을 붙여 최종적으로 좁히는 입구의 크기와 거의 비슷합니다. 그러니 진흙을 붙여 좁힐 것도 없이 바로 사용하면 되는 가장 편한 둥지입니다. 하지만 동고비는 쇠딱다구리의 둥지를 사용하지 않습니다. 내부가 너무 좁기 때문입니다. 따라서 동고비는 오색딱다구리, 큰오색딱다구리, 청딱다구리의 둥지 중에서 선택하며 심지어 입구가 참외 크기인 까막딱다구리의 둥지까지 선택하기도 합니다. 공간만 마땅하다면 입구를 막는 수고쯤이야 얼마든지 감당한다는 뜻입니다.

둥지가 정해지고 때가 차면 입주를 시작합니다. 가장 먼저 하는 일은 청소입니다. 둥지 바닥에 있는 쓰레기를 모두 밖으로 던집니다. 앞서

둥지 청소

둥지를 썼던 생명들이 살며 생긴 쓰레기를 버립니다. 앞선 둥지의 주인이 딱다구리였다면 버리는 쓰레기는 주로 나무 부스러기입니다. 딱다구리는 둥지를 지을 때 생기는 작은 나무 부스러기를 톱밥처럼 바닥에 깔아두는 습성이 있기 때문입니다. 다람쥐, 하늘다람쥐, 청설모가 쓴 둥지라면 지푸라기나 이끼가 쓰레기입니다. 하지만 청소는 금방 끝나기 때문에 청소 장면을 만나기는 쉽지 않습니다. 17년 동안 다섯 번 보았습니다. 그중에서 사진으로 기록한 것은 《동고비와 함께한 80일》의 첫 둥지와 소나무 둥지 두 곳뿐이었습니다.

진흙으로 딱다구리 둥지 입구 좁히기

동고비가 둥지를 짓기 위해 필요한 것은 진흙입니다. 물론 진흙을 어디서 가져올 것이냐 하는 문제가 생깁니다. 숲에서 진흙을 구하는 것은 쉬운 일이라 생각했습니다. 실제 그렇지 않았습니다. 더군다나 동고비가

진흙 구하기

둥지를 한창 짓는 3월은 대체로 건조한 날이 많습니다. 숲이 메말라 있기 쉽습니다. 메마른 숲에서 그래도 젖어 있는 곳은 계곡 주변입니다. 그래서 동고비가 향하는 곳은 주로 계곡입니다. 진흙과 더불어 보강제도 함께 가져옵니다. 이끼, 마른 풀, 풀뿌리를 진흙과 섞어서 물어 나릅니다. 진흙만 붙였을 때보다 훨씬 강할 것은 분명합니다.

《동고비와 함께한 80일》의 동고비 암컷은 둥지 청소를 마치고 곧바로 진흙을 나르기 시작했습니다. 그리고 3주에 걸쳐 입구를 좁혔습니다. 입구만 덜렁 막은 것이 아니라 새끼를 키우기 위한 공간을 남겨두고는 딱다구리가 파낸 공간을 다시 진흙으로 모두 메운 것이었습니다. 퍽 길게 느껴졌던 시간이었습니다. 그리고 진흙이 단단히 마르기까지 1주일이 더 걸렸습니다. 둥지를 완성하는 데 한 달이 걸린 셈입니다. 두 번째 해의 암컷도 크게 다르지 않았습니다. 하지만 둥지의 작품성에 살짝 차이가 있어 "방법은 같지만 솜씨는 다르다"는 표현을 했었습니다.

15년을 종합해 보니 표현을 다시 바꿔야 하겠습니다. "딱다구리의 둥지 입구를 좁힌다는 점은 같지만 방법도 다르고 솜씨도 다르다." 그렇더라도 한결같은 점 하나가 있었습니다. 둥지를 짓는 암컷이 진흙에 보이는 애정입니다. 진흙을 붙이다가 떨어뜨리면 바로 따라 날아가 공중에서 잡거나 그것을 놓쳐 바닥으로 떨어지면 어떻게든 찾아오는 것은 모두 같았습니다. 그렇습니다. 둥지가 번식 일정의 시작이지요. 첫 단추를 끼우는 일로, 시작이 반입니다.

방법의 가장 큰 차이는 어떻게 좁히느냐에 있습니다. 덜렁 입구만 좁히느냐, 안쪽까지 모두 메우며 좁히느냐. 방법이 다르면 결과적으로 견고함이 달라집니다. 메운 입구를 다시 무너뜨릴 수 있는 것은 딱다구리입니다. 또 있다면 아주 오랜 세월이겠고요. 입구만 덜렁 좁히면 한순간에 무너지기 마련이고, 안쪽까지 모두 메우며 좁히면 딱다구리가 작정하고 무너뜨리지 않으면 쉽사리 망가지지 않습니다. 모두 메운 것을 무너뜨리려면 시간도 꽤 걸리니 동고비가 방어할 시간 또한 확보할 수 있습니다.

입구만 덜렁 좁히는 것은 급하기 때문입니다. 정말 급하면 하루 만에 좁히기도 합니다. 하루 만에 좁힌 둥지에서 끝까지 번식을 잘 치른 사레도 있습니다. 하루 만에 좁힐 때는 주로 둥지 다툼이 심하거나 번식 일정에 늦게 들어섰을 경우입니다. 날마다 좁히고 또 무너지는 과정을 오랜 시간 지속할 때마저 있습니다. 이때 암컷은 온몸이 진흙투성이의 거지꼴이 됩니다.

암컷의 진흙 나르기

암컷의 진흙 붙이기

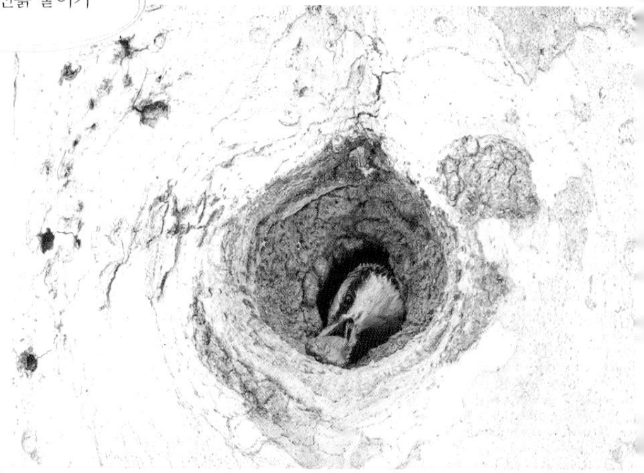

《동고비와 함께한 80일》의 동고비는 완전하게 암컷만이 둥지를 지었습니다. 두 번째도 마찬가지였습니다. 둥지를 지을 때 수컷이 둥지 안으로 들어가는 일이 없었습니다. 둥지 앞 또는 둥지가 잘 보이는 건너편 나무에 앉아 경계하는 것에 힘을 쏟았습니다. 그런데 이후로는 수컷들도 조금씩 거드는 정도의 일은 하는 모습이 더러 보였습니다. 딱다구리와 전쟁을 벌이느라 날마다 좁히고 또 무너지는 과정을 지속할 때입니다. 암컷처럼 둥지 안으로 들어가지는 않더라도 밖에서 암컷이 거칠게 붙여놓은 것의 일부를 떼어내기도 하고, 아주 작은 크기이지만 진흙을 가져오기도 합니다. 나름 돕는다고 하는 것 같은데 도움이 되기보다는 오히려 두 번 손대게 하는 일이 많아 보이기는 했습니다. 이럴 경우 둘 다 진흙을 물고 있으니 누가 암컷이고 누가 수컷인지 헛갈릴 수 있지만 쉽게 구별할 수 있는 길이 있습니다. 암컷은 온몸이 진흙투성이고 이 경우의 수컷은 얄밉도록 깔끔합니다.

얄밉도록 깔끔한 수컷 동고비

진흙은 계곡 주변에서 구해온다 했습니다. 더군다나 봄 가뭄이 심할 때는 달리 진흙을 구할 곳이 없습니다. 만약 비가 꽤 많이 오면 어떤 일이 벌어질까요? 비가 넉넉히 오는 날에는 진흙 나르기를 쉴 줄 알았습니다. 반대였습니다. 진흙 나르기가 더 바빠집니다. 둥지에서 멀리 가지도 않습니다. 주변이 온통 진흙이니까요.

나르는 속도 또한 더 빨라집니다. 진흙을 물고 나르는 중에도 비에 진흙이 흘러내립니다. 그런 와중에도 가장 가까운 곳으로만 가서 그곳의 진흙을 바닥내지는 않습니다. 시계 방향이나 반시계 방향으로 돌면서 여기서 조금 또 저기서 조금, 그런 식으로 가져옵니다. 자원을 아끼는 습성은 유전자에 아예 내재된 모양입니다.

둥지를 짓는 솜씨는 조형미로 표현됩니다. "참 아름답다"는 찬사가 저절로 나올 만큼 잘 지은 둥지가 있습니다. 둥지를 짓는 솜씨가 서툴 경우 번식도 서툽니다. 둥지의 조형미와 둥지를 비우지 않고 지키는 것을 포함한 둥지에 대한 애정을 보면 나머지 일정(알 낳기, 알 품기, 어린 새 키우기, 어린 새의 둥지 떠나기) 전체도 어떻게 지속할지 엿볼 수 있습니다.

"될 성부른 나무는 떡잎부터 알아본다"는 말이 있습니다. 정성껏 다듬지 않아 울퉁불퉁하며 조형미가 떨어지거나, 깨지거나 실금이 가도 고치지 않는 것을 포함하여 둥지에 정성을 덜 쓰는 쌍의 경우 어린 새들을 잘 키울 확률이 낮았습니다. 어쩔 수 없습니다. 하나를 보면 열을 알 수도 있으니까요.

비가 오면 더 바빠지는
진흙 나르기

나뭇조각 나르기

동고비가 딱다구리 둥지 입구를 어느 정도 좁히고 나면 나뭇조각을 나르기 시작합니다. 딱다구리가 번식을 치른 둥지는 동고비에게 깊기 마련입니다. 나뭇조각은 둥지의 깊이를 조절하는 데 쓰입니다. 딱다구리는 나무에 구멍을 뚫고 나무속으로 들어가 아래쪽으로 파 내려가는 식으로 둥지를 짓습니다. 나무속에 무를 세워놓은 모양의 커다란 공간이 생기는 셈입니다. 완성된 둥지의 경우 그렇습니다. 아래쪽으로 내려가면서 조금씩 좁아지는 까닭은 태풍과 같은 큰바람에 둥지 부분이 부러지는 것을 막기 위함으로 보입니다. 실제로 거친 바람에 딱다구리의 둥지 부분이 부러지는 일이 종종 있습니다.

동고비가 가장 탐내는 것은 오색딱다구리, 큰오색딱다구리, 청딱다구리의 둥지이며 이 둥지들의 깊이는 30센티미터 정도입니다. 동고비는 진흙으로 좁힌 입구 밖에서도 둥지 내부를 살필 수 있는 깊이를 원하는 것으로 보입니다. 어린 새의 배설물 발생 여부를 비롯하여 밖에서 알면 좋을 둥지 내부의 상황은 다양합니다. 대략 15센티미터 정도의 깊이가 아닐까 싶습니다. 그렇다면 15센티미터의 높이는 나뭇조각으로 채워야 한다는 뜻이 됩니다. 따라서 동고비가 까막딱다구리의 둥지를 보금자리로 삼는다면 날라야 할 나뭇조각의 양은 엄청납니다. 까막딱다구리 둥지의 경우 깊이가 50센티미터는 되니 35센티미터의 높이를 메워야 하기 때문입니다.

나뭇조각 나르기 1

나뭇조각 나르기 2

물론 나뭇조각을 하나도 나르지 않을 때가 있습니다. 실제로 네 둥지가 그랬습니다. 딱다구리의 둥지가 모두 완성된 채로 있는 것이 아니어서 그렇습니다. 짓다가 중간에 멈춘 둥지도 많습니다. 우리가 볼 수 있는 것은 입구뿐입니다. 내부가 얼마나 깊고 넓은지는 보이지 않으니 알 수 없습니다. 하지만 동고비가 나뭇조각을 어느 정도 나르느냐에 따라 대략 그 깊이를 가늠할 수는 있습니다. 네 둥지에서는 나뭇조각을 단 하나도 나르지 않았다고 했습니다. 둥지 깊이를 조절할 필요 없이 딱 맞는 경우인 것입니다.

바닥을 높이는 방법은 벽돌이나 축대를 쌓는 식으로 진행합니다. 보이지 않는 둥지 내부의 상황을 마치 본 듯이 분명하게 말하는 까닭은 동고비 둥지를 품은 나무가 부러져 바닥에 쓰러져 있는 것을 보았기 때문입니다. 나무가 넘어져 온전한 모습은 아니었으나 축대를 쌓듯이 차곡차곡 쌓았다는 것은 분명히 알 수 있었습니다. 진흙으로 막은 입구나 축대처럼 쌓은 나뭇조각을 예술작품으로 내놓아도 부족함이 없는 수준인 것이 그저 놀라울 뿐입니다. 축대처럼 차곡차곡 쌓는다는 것은 나뭇조각을 아무것이나 나르지 않는 것으로도 그릴 수 있는 모습입니다. 나뭇조각을 구하는 곳은 주로 그루터기입니다. 그런데 부리로 쪼아 떨어져 나온 나뭇조각을 생긴 그대로 둥지에 가져가는 일은 거의 없습니다. 특정 꼴과 크기로 다시 조절해 둥지로 나릅니다. 그때그때 쌓아야 할 꼭 들어맞는 나뭇조각의 모양과 크기가 있다는 뜻이지요. 둥지는 암컷 홀로 짓습니다. 진흙으로 입구를 좁히고 나뭇조각으로 높이를 조절하는 등 모든 일정을 자신이 기획하고 시공합니다. 그런데 더러 수컷이 나뭇조각을 가져와 암컷에서 전해줄 때가 있습니다. 암컷은 받기는 하지만 안으로 가져가지는 않습니다. 둥지 안으로 들어가지도 않아 내부의 사정을 알지 못하는 수컷이 가져온 나뭇조각이 꼭 맞는 조각일 리 없기 때문입니다.

얇은 나무껍질 나르기

새의 둥지에서 알을 낳아 품는 자리를 알자리 또는 난좌(卵座, 산좌産座)라고 합니다. 둥지의 한가운데에 해당합니다. 둥지를 짓고 알자리를 만든다는 것은 알을 깨고 나오는 어린 새가 털이 돋지 않은 맨몸 상태라는 뜻입니다. 눈도 뜨지 못하기 쉽습니다. 이런 형편의 어린 새가 둥지를 떠나기까지는 그리 오랜 시간이 걸리지 않습니다. 대체로 2주에서 한 달 정도가 걸립니다. 알자리를 마련하는 가장 큰 이유는 어린 새의 보온 때문입니다. 알자리를 마련하지 않고 땅바닥에 그냥 알을 낳는 경우가 있습니다. 이런 경우 부화한 어린 새는 온전히 털을 갖춘 채로 알에서 나옵니다. 잠시 젖은 몸을 말리고 나면 금세 혼자 힘으로 걸어 다니기도 하고요.

동고비가 나뭇조각 나르기를 멈추면 둥지의 깊이가 알맞게 맞춰졌다는 뜻입니다. 나뭇조각에 이어 나르는 것이 있습니다. 얇은 나무껍질입니다. 새의 알자리 재료는 이끼, 솜털, 깃털, 마른 잎, 가느다란 뿌리를 비롯하여 다양합니다. 동고비는 알자리 재료로 얇은 나무껍질을 사용합니다. 물론 둥지 속이 보이지는 않습니다. 하지만 둥지를 짓는 과정의 맨 마지막 일정이니 얇은 나무껍질이 알자리 재료라고 추정할 수 있습니다. 이

얇은 나무껍질 나르기

런 추정을 뒷받침할 증거가 있습니다. 나중에 어린 새의 배설물에 나무껍질이 묻어나올 때가 있습니다. 둥지 바닥에 나무껍질이 쌓여 있다는 뜻입니다. 만나기 쉽지는 않지만 동고비는 알자리 재료로 얇은 나무껍질을 깐다는 것을 알 수 있는 분명한 방법이 또 있습니다. 동고비가 번식을 치른 나무가 태풍 등의 이유로 뿌리째 뽑혀 바닥에 쓰러지면서 둥지 부분이 부러지는 경우입니다. 지금까지 세 번 만났습니다. 둥지 바닥에는 어김없이 얇은 나무껍질이 쌓여 있었습니다.

세상일이 모두 그렇듯 동고비 암컷이 진흙으로 딱다구리 둥지의 입구를 좁히는 것도 만만한 일은 아닙니다. 경쟁 상대 없이 평화롭게 진흙을 붙이더라도 그렇습니다. 고된 일입니다. 게다가 어떤 둥지에서는 둥지를 차지하려는 경쟁이 무척 심한 경우마저 있습니다. 이런 경우, 특히 경쟁 상대가 둥지의 원래 주인인 딱다구리라면 날마다 둥지 입구를 좁히고 또 무너지는 일이 오랜 시간 반복되기 마련입니다. 둥지 전쟁이라고 표현하겠습니다.

둥지 전쟁이 벌어지면 암컷은 여간 고달픈 것이 아닙니다. 실제로 몸에서 진흙 떨어질 날이 없기 마련입니다. 이때는 동고비 암수의 구별이 무척 쉽습니다. 생김새는 같더라도 몰골이 완전히 다른 것입니다. 암컷은 지저분하기 짝이 없지만 수컷은 빛이 날 정도로 윤기가 흐릅니다. 이런 지경이면 수컷이 나무껍질 나르는 정도를 돕기도 합니다. 그런데 수컷이 나무껍질을 나르더라도 둥지 안으로 가지고 들어가지는 않습니다. 암컷이 둥지 안에 있으면 받으러 나올 때까지 기다렸다 밖에서 건네줍니다. 암컷이 둥지 입구로 나와 있으면 밖에서 건네주고요. 암컷이 둥지에 없고 출타 중이면 어찌할까요? 밖에서 둥지 안으로 툭 던지듯 넣어두고 떠납니다. 어떤 경우든 수컷의 몸에는 진흙이 묻지 않는다는 뜻입니다.

나무껍질을 까는 일정까지 끝나면 입구를 완전히 좁힙니다. 가끔 너무 좁혀서 자신도 들어가지 못할 때가 있습니다. 그러면 아주 조금씩 넓혀갑니다. 그러다 몸을 비비며 간신히 들어갈 정도가 되면 둥지 재건축의 대장정이 끝에 이른 것입니다. 더러 딱다구리 둥지 내부의 규모와 깊이가 알맞아 입구만 좁히고 번식 일정에 들어서는 경우도 있습니다. 이

암컷에게 나무껍질을
전해주는 수컷

경우 나뭇조각은 가져오지 않습니다. 하지만 알을 낳고 품을 알자리의 재료로 얇은 나무껍질을 가져오는 일정은 똑같이 벌어집니다.

몸에 묻은 진흙이 암수 구별의 중요한 잣대이지만 애매한 때도 있습니다. 진흙이 거의 말라 둥지에 드나들어도 몸에 진흙이 묻지 않은데 나

나무껍질을 가져온
깔끔한 모습의 수컷

무껍질을 가져오는 경우입니다. 이때는 누가 암컷이고 수컷인지 구별하기 정말 어렵습니다. 기다려봐야 알 수 있습니다. 나무껍질을 안으로 가지고 들어가면 암컷, 들어가지 않으면 수컷입니다.

둥지 모양의 완성과 보수 및 굳히기

《동고비와 함께한 80일》의 동고비는 3주에 걸쳐 입구를 좁혔습니다. 진흙이 단단히 마르기까지는 1주일이 더 걸렸고요. 한 달에 걸쳐 둥지를 완성한 셈입니다. 하지만 어떤 동고비는 하루 만에 입구를 좁히는 경우도 있었다고 했습니다. 그 둥지에서 알을 낳아 품고, 어린 새를 키우고, 어린 새가 둥지를 떠나기까지의 번식 일정을 성공적으로 마치기도 했고요. 이처럼 입구를 막는 것은 하루에도 가능합니다. 하지만 진흙이 말라 단단해지려면 시간이 필요합니다. 그 시간마저 줄일 수는 없습니다. 이때 생기는 현상이 있습니다. 진흙이 말라 부피가 줄어들면서 금이 가거나 깨질 수 있다는 것입니다. 건조수축이라 합니다.

입구를 좁힐 때 나무뿌리나 이끼가 섞여 있는 진흙을 가져오기도 합니다. 물론 진흙으로만 지을 때보다 굳으면 더 단단해집니다. 일종의 보강제이니까요. 그런데 금이 가거나 깨진 부분의 보수 용도로 가져오는 진흙은 입구를 좁힐 때 가져오는 것과 다릅니다. 유기물이 많이 들어 있는 검은빛의 진흙을 가져옵니다. 유기물이 많으면 점도가 높습니다. 어찌 아는지 알 수 없지만 동고비가 생각보다 많이 압니다. 살아가는 것에 관련해서는 분명 그렇습니다.

건조수축을 막거나 줄이기 위해 동고비가 하는 것이 또 있습니다. 동고비는 진흙을 그냥 척척 붙이는 것이 아니라 수도 없이 다지고 또 다지면서 붙입니다. 다지고 또 다진 진흙은 찰질 뿐만 아니라 진흙 속의 공기도 빠져 건조로 인한 수축 때 금이 덜 생깁니다.《동고비와 함께한 80일》의 동고비 또한 건조수축으로 인한 실금을 성실히 보수했으며, 역시 유기물이 많아 점착성이 강한 진흙을 가져왔습니다. 이런 일은 이후로도 공통적으로 벌어졌습니다. 둥지의 모습을 다 갖춘 이후로 금이 가거나 둥지를 드나들기에 조금의 불편함이라도 있으면 곧바로 보수 공사를 시작했습니다. 번식 일정의 마지막 과정이라고 할 수 있는 어린 새의 둥지 떠나기(이소)가 임박하거나 심지어 이소하는 그날까지도 둥지 보수에 힘을 쓸 때가 있었습니다. 이소가 임박했을 때 둥지가 거의 망가져서 어린 새가 곧 떨어질 것만 같아 아슬아슬한 여느 새들의 둥지와는 사뭇 다른 모습입니다. 번식 일정이 거의 끝났으니 둥지 입구에 실금 하나가 생긴다고 하여 별일이 있을 것 같지 않은데도 말입니다. 하지만 끝날 때까지는 끝난 것이 아니지요. 또한 어린 새들이 고개를 내밀고 보고 있는 바로 앞에서 그런 행동을 하는 것은 어린 새들에게 동고비의 정체성을 알려주는 행동으로 보이기도 합니다.

이처럼 동고비가 딱다구리의 둥지 입구를 좁히는 데에는 하루에서 3주가 걸립니다. 편차가 꽤 큽니다. 하루가 걸리느냐 3주가 걸리느냐는 담을 쌓듯 진흙을 쌓아 입구만 달랑 좁히느냐, 딱다구리가 파낸 공간 중 어린 새를 키울 공간만 남겨두고 다시 모두 채우며 입구까지 좁히느냐의 차이입니다. 하지만 어떤 경우든 진흙이 완전히 말라 돌 수준이 되려면 일주일은 기다려야 합니다. 돌처럼 굳으면 어지간해서는 무너지지 않습니다. 딱다구리가 작정하고 몇 시간은 쪼아대야 간신히 무너지니까요. 둥지를 완전히 비우고 아주 멀리 간 것이 아니라면, 곧 번식할 의지가 있는 동고비라면 어지간해서는 둥지를 빼앗기는 일이 없다는 뜻입니다.

동고비 둥지의 완성과 보수 및 굳히기

둥지 짓기와 짝짓기

봄은 새의 번식기입니다. 분주하기 이를 데 없는 시간이지요. 번식은 둥지 짓기로 시작합니다. '시작이 반'이라는 말처럼 둥지는 번식의 성공과 실패를 가르는 첫 단추입니다. 첫 단추를 잘못 끼우면 모든 것이 어긋납니다. 돌이킬 수 없는 지경에 이르거나 모든 것을 처음부터 다시 시작해야 합니다. 물론 그마저 불가능한 경우도 흔합니다. 새는 부리 하나로 둥지를 짓습니다. 그럼에도 둥지를 짓는 과정과 완성된 둥지를 보면 감탄이 절로 나옵니다. 뛰어난 조형미에 실용성까지 갖추고 있기 때문입니다. 동고비의 둥지 또한 그런 면에서 조금도 뒤지지 않습니다. 둥지 짓기는 정말 중요한 번식 일정 중 하나입니다. 이때, 새는 둥지 짓기만큼이나 중요한 일을 함께 행합니다. 짝짓기입니다. 둥지를 짓는 시기가 바로 짝짓기 시기인 것입니다.

둥지 짓기와 짝짓기는 조화가 필수적입니다. 시기의 조화를 말합니다. 둥지를 한순간에 지을 수 없듯이 수정된 알도 한순간에 생기는 것이 아닙니다. 알 낳을 때가 되었는데 둥지가 완성되지 않아도 문제이고, 둥지는 완성되었는데 알 낳을 시간이 멀었다면 그도 문제입니다. 알도 없는 둥지를 내내 지키고만 있어야 할 테니까요. 그래서 새들은 둥지가 완성될 즈음 수정된 알을 낳을 수 있도록 일정을 맞춥니다. 여기서 짚고 넘어가야 할 것이 있습니다. 암컷의 난자는 생장을 거듭하다 껍질이 생긴 뒤 몸 밖으로 나온다는 점입니다. 그런데 껍질이 생기면 수컷의 정자가 껍질을 뚫고 들어갈 수 없기 때문에 짝짓기가 이루어져도 수정이 되지 않습니다. 또한 성숙하지 않은 난자가 정자를 만난다 해도 수정이 될 리 없고요. 수정도 때가 있습니다. 알맞게 성숙했으나 아직 껍질이 생기기 전의 난자가 정자를 만나야 수정이 일어나는 것입니다. 그 시기를 맞추는 것이 쉽지 않습니다. 그래서 수정의 확률을 높이기 위해 새들은 짝짓기를 자주 합니다. 우리 눈에 잘 띄지 않을 뿐입니다. 짝짓기에 열심인 시기가 바로 둥지를 지을 때이고요.

새는 배설기와 생식기가 따로 있지 않습니다. 배설과 생식의 기능을 함께 담당하는 구조로 꽁지깃 아래쪽에 총배설강(cloaca)이 있으며, 짝짓기는 암수의 총배설강이 맞닿게 하는 몸짓입니다. 짝짓기는 암컷의 준비와 동의가 있어야 이루어질 수 있습니다. 짝짓기의 첫 동작은 암컷의 등 위로 수컷이 올라서는 것이니까요. 몸과 마음이 모두 준비가 된 암컷의 경우 특별한 소리를 내거나 수컷이 가까이 접근했을 때 자세를 낮추는 행동을 할 때가 많습니다. 동고비의 경우 짧은 시간이지만 암수가 함께 구애의 춤을 춥니다. 몸을 좌우로 흔드는 몸짓입니다.

수컷이 등 위로 올라서면 암컷은 꽁지의 방향을 살짝 바꿔 총배설강이 노출되는 것을 도와줍니다. 등 위에 있는 수컷이 몸을 돌려 암컷의 총배설강 쪽으로 파고들기도 하고요. 어떠한 형태로든 총배설강이 맞닿는 순간 수컷은 정액을 뿜어냅니다. 동고비 수컷이 처음 암컷의 등에 오른 순간부터 암수의 몸이 분리되기까지는 5초쯤 걸립니다. 그런데 새의 짝짓기는 암수 생식기의 완전한 결합을 통해 정자가 전해지는 것이 아니므로 그만큼 수정 확률이 낮습니다. 이러한 문제를 극복하기 위하여 조류는 짝짓기 횟수뿐만 아니라 정자의 수를 늘리는 길을 선택했습니다. 실제로 짝짓기를 할 때 뿜어내는 정자의 수는 포유류보다 조류가 훨씬 많습니다.

눈에 띄지 않거나 다 살펴보지 못해서 그렇지, 새가 번식을 위해 쌍

짝짓기 1

을 이루면 둥지를 지으며 짝짓기도 자주 합니다. 짝짓기를 자주 하는 것은 앞서 이야기한 것처럼 수정의 확률을 높이기 위함이 우선이지만 신뢰와 유대감을 쌓는 데도 중요한 역할을 합니다. 새끼를 키워내는 과정은 암수 어느 한쪽의 힘만으로 완성하기 어렵습니다. 깊은 애정과 확실한 역할 분담이 이루어지지 않으면 치러내기 어려운 일입니다.

짝짓기 2

짝짓기가 둥지 주변에서 이루어지면 얼마나 좋을까요? 관찰과 기록에 수월할 테니까요. 간절하지요. 하지만 쉽지 않습니다. 더러 둥지 주변에서 일어난다 해도 이런저런 것에 가려 잘 보이지 않을 때가 대부분이고요. 할 수만 있다면 어떤 모습이라도 놓치지 않고 기록하고 싶은 마음에 동고비를 만난 첫해에는 휴직까지 했었습니다. 80일을 하루도 빠짐없이 어두운 시간부터 다시 어둠이 내릴 때까지 둥지를 지켜보았습니다.

그 첫해에 결국 동고비의 짝짓기 모습은 만나지 못했습니다. 더군다나 어린 새를 여덟 마리나 키워냈으니 짝짓기 없이는 불가능한 일입니다. 하지만 둥지 나무 근처에서는 짝짓기가 벌어지지 않았습니다. 짝짓기는 다른 이유에서도 중요했습니다. 진흙을 붙이며 둥지를 짓는 쪽이 암컷이냐, 아니면 수컷이냐 하는 문제였습니다. 둥지를 지을 때 암컷의 몸은 진흙 범벅이니 짝짓기 때의 위치를 통해 둥지를 짓는 쪽이 누구인지 분명히 밝힐 수 있었던 것입니다. 하지만 짝짓기가 눈이 닿을 수 있는 공간에서는 이루어지지 않았습니다. 달리 길이 없었습니다. 다음 해에 또 지켜봐야 했습니다. 고맙게도 다음 해에는 조금 멀기는 했어도 짝짓기 모습을 만날 수 있었습니다. 사진으로 기록하는 것도 가능했고요. 짝짓기 때 진흙 범벅의 개체는 아래쪽에 있었습니다. 동고비의 경우 진흙으로 둥지를 짓는 쪽은 암컷이었던 것입니다.

운이 좋았습니다. 이후로 15년에도 짝짓기 모습을 마주하기는 쉽지 않았으니까요. 제대로 보이지도 않는 아주 먼 곳에서 이루어질 때가 많았고, 둥지 근처에서 이루어지더라도 나뭇가지나 다른 장애물에 가려 보이지 않아 사진을 찍기 어려웠습니다. 그러면 잘 보이는 곳으로 이동하

둥지 짓는 중에 암컷에게
먹이를 전해주는 수컷

면 되지 않느냐 할 수 있지만 장비가 무척 무거워 쉽게 이동할 수 없습니다. 또한 위장막 안에 있기 때문에 공간 이동이 근본적으로 불가능한 경우가 많습니다. 결정적으로 짝짓기 시간이 지극히 짧습니다. 상황은 좋지 않았지만 그래도 세 번 더 기록할 수 있었습니다.

이제 확실해졌습니다. 동고비의 경우 둥지는 암컷이 짓는다는 것을 말이지요. 동시에 궁금한 것 하나가 생깁니다. "수컷은 뭐하지?" 하는 점입니다. 수컷은 둥지에 대한 경계를 담당합니다. 암컷이 진흙을 붙여 둥지를 지으려면 둥지 쪽을 보아야 하기 때문에 등 뒤에서 어떤 일이 벌어지는지 알 수 없습니다. 천적이 공격할 수도 있고요. 수컷이 지킵니다. 또한 둥지 짓느라 애쓰는 암컷에게 먹이를 나르는 일을 담당합니다. 물론 두 가지 임무를 어느 수준으로 수행하느냐는 개체마다 다릅니다.

알 낳기와 알 품기

새는 비행 능력을 획득함으로써 마침내 자유로운 존재가 됩니다. 덩치가 큰 새도 많습니다. 쉬운 일이 아니었을 것입니다. 하루아침에 될 수 있는 일도 아닙니다. 분명한 사실은 있는 것 중 '버림'과 없는 것 중 '갖춤' 사이에서 아득히 오랜 시간에 걸친 선택과 조화를 통해 비로소 꿈을 이루었다는 점입니다. 비행을 위한 요소로 꼽을 수 있는 것은 많습니다. 하지만 그중 으뜸은 날개라 할 수 있습니다. 그래서 새에게 날개는 생명과도 같다고 말합니다. 그렇다면 날개를 갖춘 새는 날개가 있다는 사실만으로 자유로운 존재가 될까요? 그럴 리 없습니다. 애써 관리하지 않으면 날개 또한 그 의미가 사라집니다. 그래서 새는 틈만 나면 날개를 청결하게 관리합니다. 도구는 부리입니다. 부리로 깃털 하나하나를 빗질하듯 쓸어내리며 깔끔한 상태를 유지합니다. 목욕도 자주 합니다. 주로 물을 이용하지만 모래와 진흙으로도 목욕을 합니다.

새가 비행하려면 날개를 펼쳐야 합니다. 그런데 새들이 생명과 다름없는 날개를 접을 때가 있습니다. 정확히는 나는 것을 포기합니다. 알을 품을 때입니다. 새는 몸을 바닥에 잘 대지 않습니다. 그런데 새가 알을 품는다는 것은 바닥에 몸을 대는 행동을 내내 이어간다는 것을 뜻합니다. 날개를 만드는 데 온 열정을 다 쏟아부은 새가 스스로 날개 없는 몸뚱이가 되는 것과 다르지 않습니다. 이처럼 새의 세상에서 새로운 생명의 탄생은 놀랍게도 저들에게 가장 소중한 날개를 포기하는 것에서 비롯합니다.

새가 알을 낳아 품는 과정에는 놀라운 지혜 또는 과학이 숨어 있습니다. 파충류인 바다거북은 100~200개의 알을 낳습니다. 이 많은 숫자를 몇 차례에 걸쳐 나누어 낳지 않고 한 번에 줄줄이 이어 낳습니다. 낳고, 낳고, 낳고……. 알은 달걀 크기와 비슷하며, 달걀 하나의 무게는 50~60그램입니다. 알을 낳기 직전, 몸 안에 있는 알의 무게만 최대 12킬로그램이라는 뜻입니다. 조류는 파충류에서 진화했습니다. 조류와 파충류의 가장 큰 차이점은 비행 능력의 유무입니다. 조류는 비행을 위하여 어떻게든 몸을 가볍게 하는 방향으로 진화합니다. 배 속에서 여러 개의 알을 똑같이 키워 한 번에 낳으려면 알을 낳기 직전에 몸이 가장 무거울 수밖에 없습니다. 이를 피하기 위해 새는 묘책을 마련합니다. 알을 하루에 하나씩 낳는 것입니다. 배 속의 알은 발생 단계별로 시간차를 두고 자랍니다. 몸이 가장 무거워지는 순간을 피할 수 있는 확실하고 효율적인 방법입니다.

그런데 문제가 있습니다. 언제나 그렇지요. 문제가 전혀 없는 새롭고 좋은 길은 없습니다. 그러면서 더 나은 쪽으로 나아갈 뿐입니다. 해결해야 할 것은 첫 번째 알(초란)과 마지막 알(막란)의 시차입니다. 산란의 시차는 결과적으로 부화의 시차로 표현되기 쉽습니다. 그런데 부화 때 시차가 발생하면 어린 새 키우기가 여간 힘든 것이 아닙니다. 먼저 부화한 어린 새가 먹이를 독차지하여 다른 어린 새들이 제대로 크지 못합니다. 점점 성장 차가 벌어지면 어린 새에게 먹여야 할, 어린 새마다 요구하는 먹이가 달라 큰 혼란이 생깁니다. 예를 들어 젖 달라는 어린 새, 죽 달라는 어린 새, 고기 달라는 어린 새…… 이런 식으로요. 게다가 성장 시기에 따라 먹어야 할 먹이가 있는데 개체마다 다르면 맞추기 어렵습니다. 새는 이 문제를 깔끔하게 해결합니다. 어떻게 할까요?

우선, 이런 생각이 가능합니다. 첫 번째 알보다 두 번째 알을 더 많이 품고, 두 번째 알보다 세 번째 알을 더 많이 품고……. 그런데 알에 번호가 있는 것도 아니고 겉으로 볼 때 차이가 있는 것도 아니어서 현실성이 없습니다. 게다가 알이 많은 경우 구별하기가 막막합니다. 새는 이렇게 합니다. 마지막 알까지 다 낳은 뒤 품기 시작합니다. 알을 품어 발생이 진행 중인 상태에서 멈추면 알이 상합니다. 돌이킬 수 없습니다. 하지만 아직 품지 않아 발생이 진행되지 않은 알은 그 상태로 생명의 씨앗을 품은 채 오랜 시간 지속합니다. 중요한 점이 또 있습니다. 품기 시작했다면 이후로는 모든 알을 골고루 품어야 동시에 부화합니다. 따라서 알이 많을 경우 가슴과 배 중심에 있는 알은 가장자리로, 가장자리에 있던 알은 중심으로 옮기고, 같은 위치에서도 이쪽저쪽으로 알을 잘 굴려야 합니다. 알 품기 또한 알에 몸을 대고 가만히 있는 단순한 과정을 넘어서는 일정이라는 뜻입니다.

동고비는 속이 보이지 않는 딱다구리 둥지에, 그것도 입구를 더 좁혀 번식을 치르는 새입니다. 그릇 모양의 둥지와 근본적으로 다릅니다. 둥지 안쪽이 보이지 않습니다. 둥지 내부의 상황은 추정만 가능할 뿐입니다. 15년 동안 동고비를 지켜본 결과에 기초할 때 둥지를 떠나는 어린 새는 6~9마리였습니다. 낳은 알이 모두 부화했고, 부화한 어린 새도 문제없이 잘 키웠다면 알 또한 6~9개를 낳았다는 뜻입니다. 평균해서 동고비가 일곱 개의 알을 낳는다고 가정하겠습니다. 하루에 하나의 알을 낳으니 알을 다 낳기까지 일주일이 걸립니다. 암컷이 알을 낳는 행동은 둥지 완성 후 둥지에 들어가 20분 정도 있다가 나오는 것으로도 추정할 수 있습니다. 그러다 암컷이 거의 둥지를 비우지 않기 시작하는 날이 옵니다. 알 품기에 들어섰다고 보면 되겠지요. 일정 시간이 지나면 수컷이 어린 새의 먹이를 쉼 없이 날라 둥지에 있는 암컷에게 전해주기 시작하는 날이 옵니다. 분명 부화가 일어났다는 뜻입니다. 이런 과정을 여러 해 반복하여 봄으로써 동고비가 알을 품는 기간이 약 2주라는 결론에 이르게 되었습니다.

새의 번식 일정은 둥지 짓기와 짝짓기, 알 낳기, 알 품기, 어린 새 키우기, 어린 새의 둥지 떠나기로 나눌 수 있습니다. 이 중에서 알을 낳는 것은 오로지 암컷의 영역입니다. 이를 뺀 나머지 일정을 치르는 방식은 암수의 역할에 따라 크게 네 가지로 나눌 수 있습니다. 첫 번째, 암수 중 어느 한쪽이 감당하는 경우가 있습니다. 암컷 혼자 감당하기도 하고 수컷 혼자 감당하기도 합니다. 두 번째, 암수가 함께 움직이거나 교대하는 경우가 있습니다. 같은 일을 암수가 서로 나눠서 치르는 방식입니다. 세 번째, 역할을 분담하는 경우가 있습니다. 암수가 서로 다른 일을 하는 방식입니다. 네 번째, 번식 일정에 따라 이 방식들을 섞어서 치르는 경우입니다. 물론 어느 방식이라고 표현하기 애매한 경우도 있습니다. 네 가지 방법은 저마다 장단점이 있고요. 동고비는 네 번째 방식을 따릅니다. 둥지를 짓고 알을 품을 때는 역할 분담을 하지만 먹이를 날라 어린 새를 키우는 일정은 암수가 함께 치릅니다.

동고비가 알을 품는 약 2주의 시간 동안 암수의 역할이 있습니다. 암컷은 둥지 안을 지키고 수컷은 둥지 밖을 지키는 것입니다. 아무래도 암컷의 기여도가 높아 보이기는 하지만 어느 쪽이 더 중요하고, 어느 쪽이 덜 중요하다 말할 수는 없습니다. 둘 다 중요합니다. 수컷의 역할은 어찌 보면 보조적이지만 이 역할을 제대로 수행하지 않으면 번식이 실패로 끝나기 때문입니다. 우선 알을 품는 일정의 주체는 암컷이니 암컷은 알을 잘 품어야 합니다. 모든 알에게 골고루 자신의 체온을 전해야 합니다.

또한 교대를 하는 방식이 아니니 둥지를 비우지 말아야 합니다. 이 대목에서 수컷의 역할이 생깁니다. 수컷은 둥지에서 알을 품는 암컷을 위해 둥지 입구 또는 둥지가 잘 보이는 나뭇가지 정도에서 경계 근무를 서야 합니다. 암컷이 둥지 안에 있으므로 안전이 위협받을 일은 거의 없더라도 수컷은 계속 소리를 내주며 근처에 자신이 있음을 알릴 필요가 있습니다. 또한 둥지를 빼앗으려고 덤비는 숲의 뭇 생명을 몰아내거나 물리쳐야 합니다. 수컷의 행동은 신뢰를 구축하는 첫걸음입니다. 어디 가서 놀고 있지 않고 둥지 근처에서 잘 지키고 있다는 신뢰입니다. 둥지 안에 있어 밖의 정황을 알 수 없는 암컷이 얼마나 든든하겠습니까.

《동고비와 함께한 80일》의 동고비의 경우 처음에는 이 경계의 임무를 잘 수행하지 않았습니다. 둥지 쪽은 보지도 않고 건성으로 소리만 낼 때가 많았고 아예 둥지를 벗어나 멀리 갔다 오기도 했습니다. 그래서 '한량' 같다는 표현도 했었습니다. 나중에는 완전히 달라졌지만요. 동고비 수컷은 대체로 그만그만한 줄 알았습니다. 아니었습니다. 이후로 보니 확실하게 신뢰감을 주는 수컷이 있고, 그렇지 않거나 그렇지 못한 수컷도 있습니다. 수컷마다 다릅니다.

암컷이 알을 품을 때 경계 근무 말고 수컷이 해야 할 일이 또 있습니다. 암컷은 둥지 안을 계속 지키고 있어야 하니 먹이활동이 어렵습니다. 하루 이틀이 아니고 2주 동안 먹지 않고 알만 품을 수는 없습니다. 하여 암컷은 둥지를 잠시 비우고 나갔다 옵니다. 그렇더라도 가능하면 둥지를 비우지 않는 것이 좋기 때문에 수컷이 일정 간격으로 먹이를 가져다주는 것이 필요합니다. 수컷이 암컷에게 전해주는 먹이는 둥지에 대한 경계 근무를 서주는 것 이상으로 암수의 신뢰 구축에 중요한 바탕이 되지 않을까 싶습니다. 수컷이 둥지 안에 있는 암컷에게 먹이를 전해줄 때

알을 품는 암컷에게
먹이를 전해주는 수컷

둥지 입구에서 기다리는
암컷에게 먹이를 전해주는 수컷

마치 부모 새가 어린 새에게 먹이를 주는 것과 똑같은 모습이 펼쳐집니다. 이보다 더 진한 애정 표현은 없어 보입니다. 이때, 수컷이 조금 늦게 오면 암컷은 둥지 밖으로 고개를 내밀고 기다립니다. 마냥 기다리지는 못합니다. 알을 품어야 하기 때문입니다. 이런 상황이 몇 번 되풀이되면 암컷은 아예 둥지 밖으로 나와서 먹이를 기다립니다. 수컷이 근처에 있다면 배고픈 자신을 볼 수 있게 말이지요. 하지만 밖으로 나와 기다리더라도 수컷이 오지 않으면 마냥 기다리지 않고 다시 둥지로 들어갑니다. 그렇습니다. 알을 품어야 하기 때문입니다.

알을 품는 중에 고개를 내밀고 먹이를 기다리는 암컷

그리고 이 시기, 알을 품을 때 암컷의 모습에 특별한 점 하나가 있습니다. 《동고비와 함께한 80일》뿐만 아니라 이후에도 계속 보인 모습입니다. 특히 알을 품다가 둥지 입구로 나와서 수컷을 기다릴 때 가장 확실하게 표가 납니다. 암컷 등 쪽의 털이 위로 말려 있는 것을 자주 보게 됩니다. 말려 있는 정도의 차이는 있지만요. 알자리의 구조가 이유일 것으로 보입니다. 알자리가 좁고 오목하다는 뜻이 아닐까 싶습니다. 알을 품던 암컷이 둥지를 벗어나 잠시 휴식을 취할 때 가장 먼저 하는 일은 말려 있는 깃털을 다듬는 것입니다. 금세 다시 말릴 깃털이지만 다듬기에 소홀함이 없는 것도 특별합니다.

동고비가 알을 품는 일정에서 놓치지 말아야 할 부분이 있습니다. 신뢰에 대한 부분입니다. 신뢰는 어느 한쪽만 애쓴다 하여 생기는 것이 아닙니다. 무엇보다 수컷이 먹이를 잘 전해주는 것이 중요하지만 암컷의 태도 또한 중요합니다. 암컷은 먹이를 가져다준 수컷에게 고마움의 표현을 합니다. 고마움은 춤으로 표현합니다. 날개를 쫙 펴고 몸을 좌우로 천천히 움직이면서 날개를 파르르 떨어줍니다. 어린 새들이 부모 새에게 먹이를 보챌 때 하는 행동을 암컷이 수컷에게 선물하는 것입니다. 정말 사랑스럽습니다. 수컷이 암컷의 저 사랑스러운 모습을 알아차리지 못할 리 없습니다.

동고비처럼 암컷이 알 품기를 전담하는 예는 많습니다. 원앙도 암컷 홀로 알을 품습니다. 알을 품기 시작하면 수컷은 아예 떠나버리니 완벽하게 홀로 알을 품는 셈입니다. 하루 24시간 중 한 시간 정도를 먹이 활동을 위해 둥지를 비웁니다. 이때 알의 보온을 위해 자신의 가슴에서

1.2 알을 품다가 둥지 입구로 나와 먹이를 기다리는 암컷-등 위로 말려 있는 깃털

3.4 알을 품을 때 등 위로 말려 있는 깃털을 다듬는 암컷

뽑은 털로 잘 덮어놓고 나갑니다. 동고비 둥지에 이런 용도의 털은 없습니다. 있다면 둥지에 드나들 때 또는 나중에 배설물에 묻어나올 텐데 한 번도 보지 못했습니다. 결정적으로 딱다구리가 동고비 둥지를 무너뜨리고 동고비가 넣거나 쌓은 것들을 모두 밖으로 내던질 때도 털은 없었습니다. 기본적으로 동고비는 알을 품을 때 무엇으로 알을 덮고 나갔다 와야 할 만큼 둥지를 오래 비우지 않습니다. 하지만 가끔 이런 상황이 벌어지기도 합니다. 수컷이 너무 오래도록 먹이를 가져오지 않을 때입니다. 암컷이 할 수 없이 먹이를 구하러 둥지를 비우고 나갑니다. 어긋남의 시작입니다. 번식 일정을 성공적으로 치르려면 번식 일정 전체(둥지 짓기, 알 낳기, 알 품기, 어린 새 키우기, 둥지 떠나기)에서 암수의 호흡이 맞아야 합니다. 네 가지 방식 중 어떤 방식을 따르든 말이지요.

《동고비와 함께한 80일》은 33가지 이야기로 꾸려집니다. 그중 〈손발이 척척〉 꼭지가 있습니다. 처음에는 조금 버걱거렸습니다. 하지만 시간이 흐르면서 서로 해야 할 일, 역할, 곧 약속을 성실히 지키는 것은 물론이고 배려하는 마음까지 깊어 호흡이 잘 맞는 모습에 대한 이야기였습니다. 그리고 동고비는 모두 그런 줄 알았습니다.

하지만 아니었습니다. 개체마다, 그러니 쌍마다 달랐습니다. 《동고비와 함께한 80일》의 동고비처럼 둘 다 잘 지키는 쌍이 있었고, 둘 중 어느 한쪽만 잘 지키는 쌍이 있었으며, 둘 다 지키지 않는 쌍도 있었습니다. 번식 일정의 각 단계(둥지 짓기, 산란, 포란, 육추, 이소)를 얼마나 성실하게 수행했느냐 하는 것은 결과로 고스란히 나타납니다. 어쩔 수 없습니다. 둘 다 성실하면 손발이 척척 맞아 돌아가며 어린 새를 건강하게 잘 키웁니다.

둘 중 하나가 성실하면 간신히 꾸려 나가거나 막바지에 포기합니다. 둘 다 성실하지 못하면 끝까지 가지 못합니다. 다만 언제 끝날 것이냐 하는 시기의 문제만 남습니다.

어린 새 키우기(육추)

새의 번식 일정에 동행하다 보면 여러 감정과 생각이 뒤섞이기 마련입니다. 기쁨, 슬픔, 설렘, 조바심, 궁금증, 걱정, 행복, 분노……. 물론 대부분을 차지하는 감정은 기쁨입니다. 동고비와 함께하며 가장 큰 기쁨의 순간을 일정의 순서대로 꼽으라면 이렇습니다.

첫 번째는 어린 새의 첫 먹이를 가져왔을 때입니다. 보이지는 않지만 둥지의 어린 새가 스스로 알을 깨고 세상과 만나는 엄청난 사건이 마침내 일어났다는 뜻이니까요. 두 번째는 어린 새가 잘 커서 둥지 입구로 첫 고개를 내밀어줄 때입니다. 말로는 표현할 길이 없을 만큼 사랑스럽고 고마운 모습이지요. 움막 안이라 아무리 기뻐도 펄쩍펄쩍 뛸 수는 없지만 눈물이 주르르 흐를 때도 있습니다. 세 번째는 둥지의 모든 새가 아무 탈 없이 보금자리를 떠나 진정한 자연의 품에 안길 때입니다. 두 번째 기쁨의 시작, 부화한 어린 새를 키우는 과정을 육추라고 합니다.

● 부화 초기 먹이/ 암수의 역할

동고비의 육추 기간은 3주입니다. 부화한 날로부터 어린 새가 둥지를 떠나기까지 3주가 걸린다는 뜻입니다. 어린 새가 알을 깨고 세상과 만나는 부화가 일어났다는 것, 곧 육추의 일정이 개시되었다는 것은 먹이를 나르는 것으로 알 수 있습니다. 더군다나 부화 전까지 수컷이 암컷에게 먹이를 전해주는 일이 없는 종의 경우 이보다 더 확실한 부화의 증거는 없습니다. 그런데 동고비는 조금 특별한 점이 있어 잘 살펴봐야 합니다. 둥지를 지을 때도, 하루에 하나씩 알을 낳으며 지킬 때도, 알을 다 낳고 본격적으로 품을 때도, 부화의 초기에도 수컷이 암컷에게 먹이를 전해주는 일이 벌어지기 때문입니다. 다른 점은 있습니다. 크기와 횟수의 차이입니다. 수컷이 암컷에게 전해주는 선물 또는 응원의 먹이는 큽니다. 횟수는 어떨까요? 자주 가져온다면 선물이나 응원의 표시가 아니겠지요. 한 시간에 한 번 정도로 띄엄띄엄 가져옵니다. 수컷이 부화한 어린 새에게 주려고 나르는 먹이는 크기가 작고 횟수가 잦습니다.

부화가 일어나 먹이를 나를 때에도 동고비는 한 가지 특별한 점이 있습니다. 수컷은 변함없이 둥지 안으로 들어가지 않는다는 것입니다. 육추 초기까지는 그렇습니다. 수컷이 먹이를 날라 암컷에게 전해주면 암컷이 다시 어린 새에게 먹입니다. 동고비는 6~9마리의 어린 새를 키운다고 했습니다. 이제 수컷이 무척 바빠집니다. 그 많은 어린 새의 먹이를 혼자 잡아 날라야 하기 때문입니다. 어찌 되었든 수컷이 작은 먹이를 몰아치듯 자주 나르기 시작하면 둥지에서 부화가 일어나 육추가 시작되었다는 것만큼은 분명합니다.

그런데 육추가 시작되면 암컷도 먹이를 함께 가져오면 좋으련만 왜 한동안 둥지를 떠나지 않고 수컷이 가져온 먹이를 받아 전할까요? 어떤 장점이 있는 것일까요? 부모 새 중 어느 한쪽이 어린 새 곁을 내내 지키는 것이 나쁠 것은 없습니다. 힘들어서 그렇지 물론입니다. 또 하나는 어린 새의 체온 관리에 더 이상 좋은 방법이 없어 보입니다. 알을 품은 끝에 부화가 일어났다고 하여 품는 것이 끝난 것은 아닙니다. 부화한 어린 새도 품어줘야 하기 때문입니다. 알을 깨고 세상으로는 나왔지만 동고비 어린 새는 털 하나 돋지 않은 맨살입니다. 둥지를 짓는 이유 중 하나이기도 합니다. 둥지를 짓지 않고 맨바닥에 알을 낳아 품는 종류의 새들은 부화 때 어린 새들의 몸에 털이 이미 나 있습니다. 하지만 따뜻한 둥지를 따로 마련하는 새들의 어린 새는 기본적으로 털이 없는 맨몸 상태로 부화합니다. 털이 없이 부화하여 둥지를 짓는 것인지, 둥지를 지어 털이 없는 채로 부화하는 것인지는 알 수 없습니다. 맨몸으로 부화한 경우 한동안, 적어도 털이 몸을 덮을 때까지는 계속 품어주어야 합니다.

동고비는 대체로 이른 봄에 번식합니다. 갑자기 기온이 뚝 떨어지는 날이 흔합니다. 비라도 오는 날이면 더욱 그렇습니다. 이런 날은 어린 새들을 더 오래 품어줍니다. 동고비의 경우 둥지 안의 모습을 볼 수 있는 것은 아니지만 부화 후에도 어린 새들을 품어준다는 증거가 있습니다. 배설물을 물고 나올 때 등 쪽의 털이 말려 있는 때가 있습니다. 배설물이 생겼다는 것은 부화가 일어났다는 가장 강력한 증거이며, 등 쪽의 털이 말려 있다는 것은 무엇이든 품은 결과입니다. 이미 부화가 일어난 시기이니 품은 것은 알이 아니라 어린 새이겠고요.

● 어린 새 먹이, 동고비의 식단

그릇 모양의 둥지에서 부모 새가 먹이를 가져오면 어린 새는 모두 고개를 위로 한껏 들어 올립니다. 하지만 자연 수동(樹洞)이든 딱다구리의 둥지든 나무속 공간에서 자라는 어린 새는 상황이 조금 다릅니다. 우선 입구가 대체로 좁아서 어린 새 모두 고개를 내밀 수 없습니다. 또한 몇이든 어린 새가 둥지 입구로 고개를 내밀고 있더라도 부모 새가 먹이를 가져오면 어린 새가 보이는 모습은 둘 중 하나입니다. 고개를 더 내미는 경우가 있고, 내밀고 있던 고개를 오히려 넣는 경우가 있습니다. 이는 종에 따라 다릅니다. 후투티와 찌르레기의 경우 고개를 내밀고 있다가 부모 새를 발견하면 더 간절히 내밉니다. 딱다구리와 동고비는 그 반대입니다. 둥지 밖으로 고개를 내밀고 있다가도 부모 새가 먹이를 가져와 접근하면 오히려 안으로 들어가 버립니다. 먹이를 받아먹기 좋은 위치만 확보하고 있을 뿐 직접 받아먹는 것은 안전하게 둥지 안에서 이루어집니다.

동고비와 딱다구리는 여느 새들과 달리 나무줄기를 마주하며 앉을 수 있으며 실제로 그렇게 많이 합니다. 마치 매미가 나무줄기에 앉는 자세로 말이지요. 부모 새와 어린 새가 충돌할 수 있습니다. 또한 동고비 어린 새의 경우 고개를 내밀고 있다가 더 내밀면 둥지 밖으로 몸이 완전히 나오게 됩니다. 아직 날 수 없다면 둥지 밖으로 떨어진다는 뜻이지요. 이처럼 어린 새들이 고개를 내밀고 있다가도 정작 먹이는 둥지 안에서 받는 것은 둥지의 구조 및 어린 새의 안전과 연관이 있는 행동이 아닐까 싶습니다.

이 때문에 어려운 점 하나가 생깁니다. 어린 새를 키울 때 부모 새가 어린 새에게 어떤 먹이를 주는지가 중요한데 그 구별이 쉽지 않습니다. 동고비는 움직임이 빠르기까지 합니다. 그 잽싼 친구가 둥지로 한순간에 휙 날아들고 아주 좁은 입구 안쪽으로 고개를 쑥 넣어 먹이를 주기 때문에 동고비가 어린 새를 위해 마련하는 식단이 무엇인지 정확히 알 수 없어 답답할 때가 많습니다. 작은 먹이를 구별하기에는 거리도 멀고요. 이런 한계로 인해 먹이가 정확히 무엇인지 구별하기가 쉽지는 않습니다. 하지만 특별히 어떤 종만을 고집하는 것이 아니라 다양한 곤충의 애벌레와 성충이 주요 먹이인 것만큼은 분명합니다.

어린 새를 키우기 위해 부모 새가 마련한 먹이

배설물

부모 새가 어린 새를 키우고 있다는 가장 강력한 증거는 배설물의 발생입니다. 부화한 어린 새는 먹어야 하고, 먹으면 나올 수밖에 없는 것이 배설물이기 때문입니다. 새의 배설물을 보고 있으면 탄성이 절로 나옵니다. 배설물의 발생과 처리에 관련한 모든 것이 과학이고 예술이기에 그렇습니다.

새는 대장이 짧습니다. 물론 날기 위해, 자유로운 존재가 되려고 버린 것 중 하나입니다. 장은 소장과 대장으로 나뉘는데 소장은 소화와 소화된 영양분의 흡수를, 대장은 음식 찌꺼기에 있는 수분의 흡수를 담당합니다. 구불구불 기다란 대장이 음식 찌꺼기에 있는 수분을 흡수하기에 우리는 하루에 한 번 최소의 부피로 되직한 배설물을 배출합니다. 새는 먹은 것을 소화하고 흡수하는 기능까지 줄일 수는 없었나 봅니다. 하지만 수분을 흡수하는 기능, 곧 대장을 대부분 포기했습니다. 그 결과, 액체 수준의 배설물을 배출합니다. 어딘가에 앉아서든 날면서든. 몸에 모아두거나 쌓아두지 않고 생기는 대로 버리는 길을 택한 것입니다.

어린 새의 배설물을 어떨까요? 무엇이 다르겠습니까. 역시 액체 수준입니다. 그런데 어린 새는 둥지라는 좁은 공간에서 큽니다. 게다가 어마어마하게 먹습니다. 먹는 양에 비례해서 배설물이 나옵니다. 그것이 액체 상태라면 어떤 일이 벌어질까요? 쉽게 상상할 수 있습니다. 고약한 냄새에 벌레가 들끓고, 세균과 바이러스 또한 창궐합니다. 한마디로 못 삽니다. 자, 이 문제를 새들은 어떻게 해결할까요? 예술입니다. 어린 새는 배설물을 봉투에 싸서 버립니다. 봉투에 해당하는 것은 막입니다. 얇지만 탄력이 있는 막으로 액체의 배설물을 싸서 버립니다. 부모 새는 총배설강을 통해 배출되는 잘 포장된 배설물을 부리로 받아 처리하면 되는 것입니다.

어떻게 처리할까요? 새들이 택한 방법은 둘 중 하나입니다. 물고 멀리 날아가서 버리는 방법과 먹어서 깔끔하게 처리하는 방법입니다. 그리고 버리는 방법보다 먹는 방법을 택한 새가 더 많습니다. 부모 새들은 살아 꿈틀거리는 신선한 먹이만 새끼에게 줍니다. 정작 자신은 저들의 몸을 지나온 배설물을 먹으면서 말이지요. 어린 새를 키운다는 것은 그런 시간이 하루하루 쌓이며 흘러가는 것입니다.

동고비는 부화가 일어나 육추가 시작되어도 며칠은 암컷이 둥지를 지킵니다. 수컷이 전해주는 먹이를 받아서 어린 새에게 먹입니다. 배설물은 둥지 안에 있는 암컷이 처리합니다. 물고 밖으로 나와 버리고 곧바로 들어갑니다. 대체로 5일 정도가 지나면 이런 방식을 고집하기 어려워집니다. 수컷 혼자서는 어린 새의 식욕을 감당하지 못하는 지경에 이릅니다. 방법은 하나입니다. 암컷도 둥지를 벗어나 먹이를 구해옵니다.

둥지는 정신이 없을 만큼 분주해집니다. 암수 모두 쉼 없이 둥지에 드나들며 먹이와 배설물을 나르기 때문입니다. 저들을 보고 있는 나만 정신이 없는 것이 아닙니다. 동고비 암수도 정말 정신이 없어 보이고 실제 그렇습니다. 마음만이 아닙니다. 몸도 급합니다. 둥지 안으로 급히 들어가려다 부딪치거나 미끄러질 때가 있습니다. 안에서 밖으로 나올 때도 너무 서두르다 고꾸라지기도 합니다. 이때 암수의 손발이 잘 맞아야 합니다. 무조건 안으로 들어가려 하지 말고 다른 쪽이 있는지 살펴야 합니다. 있다면 입구에서 몸을 비키고 잠시 기다려줘야 합니다. 이를 잘 지키지 않으면 바쁜 와중에 충돌 사고도 많이 일어납니다.

육추 후 보름 정도 지나면 배설물 처리가 조금 수월해집니다. 수월? 그 반대 아니냐고 생각할 수 있습니다. 어린 새들이 크면서 배설물 발생량 또한 늘어날 테니까요. 조금 쉬워지는 것이 맞습니다. 놀랍게도 어린 새들이 엄마 아빠를 돕습니다. 배설의 욕구가 있는 어린 새가 스스로 엉덩이를 둥지 입구 쪽으로 돌려주는 것입니다. '기가 막히다'라는 표현은 이럴 때 쓰는 것이 아닐까 싶습니다. 이제 좁은 입구를 통해 들락거릴 필요 없이 밖에서 그냥 받아내기만 하면 됩니다.

이 대목에서 또 하나 놀라운 점이 있습니다. 부모 새가 어린 새의 배설물을 언제까지 기다려야 하는가 하는 문제입니다. 먹이를 구해오기도 바쁜데 하염없이 배설물만 기다리고 있을 수는 없는 노릇입니다. 이는 더 기가 막힙니다. 부모 새는 오래 기다리지 않습니다. 먹이를 받아먹는 어린 새가 먹이를 먹은 후 곧바로 배설하기 때문입니다. 새는 대장이 짧다고 했습니다. 먹이가 식도를 지나 위로 들어가면 곧바로 대장을 자극하는 위장 반사가 일어나 배설을 하는 방식입니다. 물론 먹이를 먹을 때마다 배설한다는 것은 아닙니다. 하지만 먹어야 배설을 하는 것은 맞습니다. 따라서 부모 새는 어린 새에게 먹이를 주고 10초 정도 기다리면 됩니다. 금방 먹은 먹이가 배설에 자극이 되었다면 먹이를 받아먹은 어린 새는 몸을 돌려줄 것입니다. 부모 새는 입구에서 바로 받아 처리하면 됩니다.

육추 후반이 되면 배설물을 잠시 기다리는 그 기다림마저 먹이를 구하는 시간으로 삼아야 합니다. 배설물을 그때그때 밖에서 받아내지 못할 수 있다는 뜻입니다. 물론 먹이를 받아먹은 어린 새가 곧바로 엉덩이를 돌려준다면 바로 받아 처리하면 됩니다. 하지만 기다리지 못하고 떠난 뒤 배설한 것은 둥지 바닥에 떨어져 있기 마련입니다. 때문에 이 시기에는 먹이를 준 뒤 안으로 들어가 바닥에 떨어진 배설물을 물고 나올 때가 있습니다. 배설한 지 조금 시간이 흐른 뒤 배설물을 물고 나오면 터져 있을 때가 많습니다. 이때 배설물에 나무껍질이 함께 묻어오기도 합니다. 둥지 알자리에 나무껍질이 깔려 있다는 증거입니다. 배설물을 싼 막도 육추 후기가 되면 무척 약해집니다. 배설물의 양이 증가하는 것이 가장 큰 이유일 것입니다. 게다가 크고 두꺼우며 질긴 막을 만드는 데 필요한 에너지를 절약하는 것 또한 중요한 이유일 것입니다.

어린 새의 모습

엄마 새와 아빠 새가 정신없이 먹이를 나를 때면 궁금해지는 것이 있습니다. "도대체 어린 새는 몇 마리일까?" 안이 보이지 않으니 정확히 알 수는 없습니다. 하지만 추정할 길은 있습니다. 제대로 지켜보면 제법 정확한 방법입니다. 먹이를 나르는 방식과 배설물을 받아내는 횟수를 잘 지켜보면 됩니다. 하루 열 시간에 걸쳐 160번 먹이를 날랐다 치겠습니다. 동고비는 어떤 방식으로 먹이를 나를까요? 무슨 방식이 있느냐 할 수 있지만 분명 있습니다. 열 시간에 160번이니 한 시간에 16번 나른 셈입니다. 그렇다고 3~4분(60/16=3.75) 간격으로 일정하게 오지 않습니다.

이처럼 일정 간격으로 먹이를 주면 먹이를 받아먹은 어린 새가 다시 제 순서가 오지 않았는데 먹이를 또 받아먹는 일이 생깁니다. 게다가 동고비처럼 먹이의 크기가 작을 때 더 그런 일이 벌어질 가능성이 높습니다. 이렇게 시간이 흐르다 보면 성장 차가 더 벌어져 결국 한두 어린 새가 먹이를 거의 차지하는 상황이 벌어지고 맙니다. 어린 새를 골고루 키우지 못합니다. 동고비처럼 크기가 작은 새들은 한두 마리의 힘센 어린 새를 키우기보다는 모든 어린 새를 골고루 잘 키우는 것이 중요합니다.

동고비는 16번을 일정 간격으로 나누어 오는 것이 아니라 '네 번 연속으로 오고 조금 쉬고, 다시 네 번 연속으로 몰아치고 또 조금 쉬고, 또 다시 네 번 연속으로 오고 다시 조금 쉬고, 네 번 연속으로 오고 조금 쉬고'를 반복합니다. 금방 먹은 어린 새가 또 먹이를 받아먹을 가능성이 훨씬 줄어듭니다. 이런 패턴이라면 어린 새는 넷, 또는 넷의 배수라는 뜻입니다. 넷은 너무 적고, 여덟 마리의 어린 새를 키울 가능성이 퍽 높습니

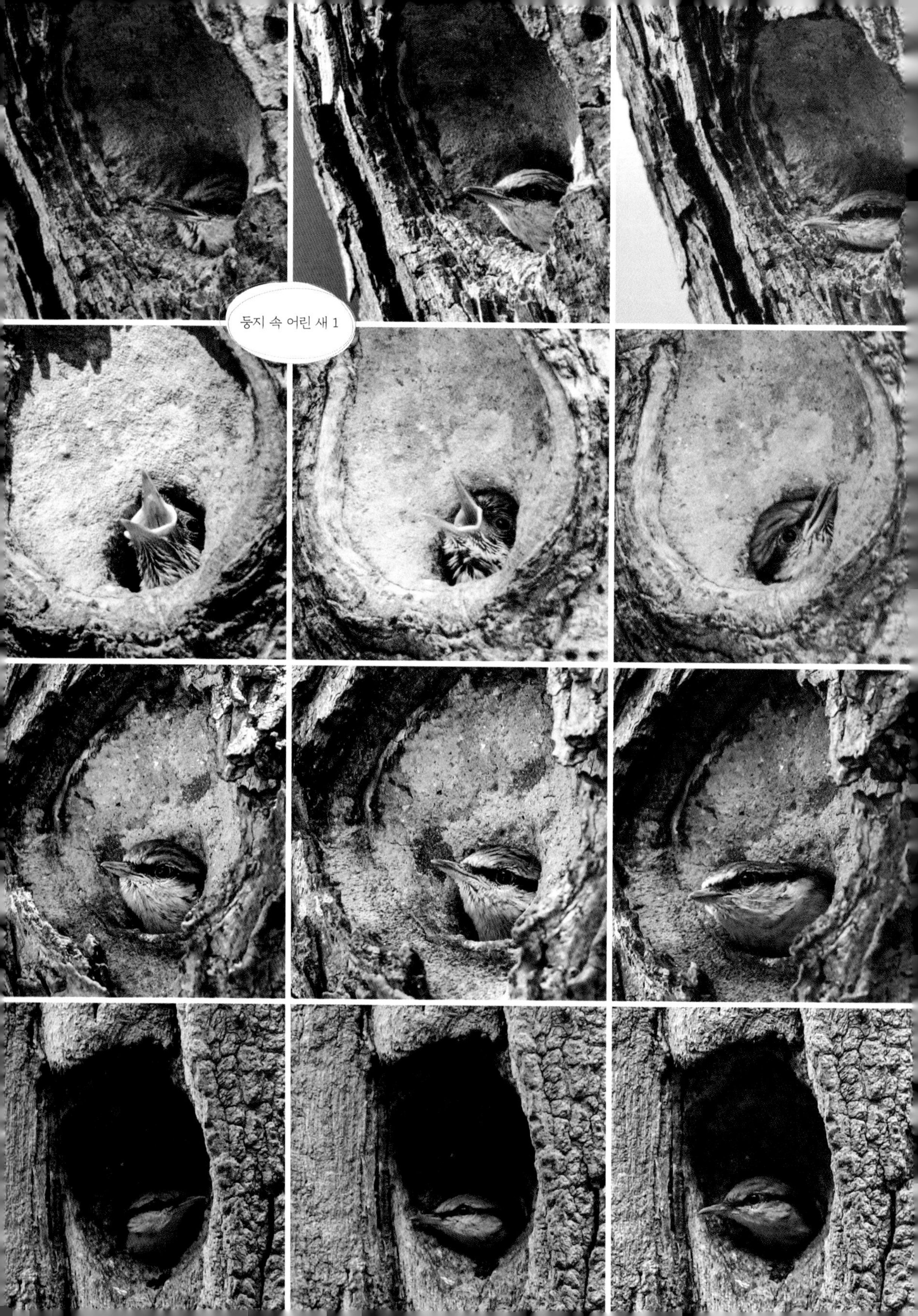

둥지 속 어린 새 1

둥지 속 어린 새 2

다. 나중에 둥지를 떠나는 어린 새의 숫자를 세어 확인할 수 있습니다. 이런 경우 여덟 마리였습니다. 3번 몰아치기를 반복하면 어린 새는 여섯 마리였고, 3번 몰아치기와 4번 몰아치기가 섞일 때의 어린 새는 일곱 마리였습니다. 물론 매번 그렇게 딱딱 맞아떨어지게 먹이를 나른다는 것은 아닙니다. 내내 지켜보았을 때의 주요 패턴을 말하는 것입니다. 어찌 되었든 추정 방법으로 이 정도면 꽤 신뢰할 만하다 싶습니다. 배설물도 비슷한 양상을 보입니다. 배설은 먹은 대로 하는 것이니까요. 어린 새가 여덟 마리일 경우 배설물은 네 번씩 몰아서 받아내는 식이었습니다.

동고비의 육추 기간은 약 20일입니다. 육추가 시작되고 15일 정도가 지나면 더없이 행복한 시간이 옵니다. 어린 새가 자신의 힘으로 세상을 향해 고개를 내미는 순간이 오는 것입니다. 번식 일정의 처음과 끝을 함께하는 것이 녹록한 여정은 아닙니다. 더욱이 육추 후반에 이르면 부모 새도 지치고 지켜보는 나 역시 지치기 마련입니다. 그러다가도 고개를 내미는 어린 새를 만나면 그동안 쌓인 고단함은 한순간에 사라집니다. 어쩌면 이 모습을 보기 위해 오랜 시간을 기다리는 것인지도 모릅니다.

처음 보이는 어린 새의 모습은 살짝 엉성한 느낌입니다. 그래도 사랑스럽지만요. 어린 새라 하여 부모 새와 완전히 다르지는 않습니다. 비슷해서 헛갈릴 때가 있을 정도입니다. 그렇더라도 "아, 어린 새다"라고 할 수 있는 가장 큰 특징은 입을 쫙 벌렸을 때 드러나는 노란색입니다. 황금이 부럽지 않은 노란색이지요. 사흘 정도가 지나면 부모 새와 거의 비슷해집니다. 부리가 짧고, 부리가 시작되는 부분이 노란색이라는 것 말고는 거의 차이가 없습니다. 크기까지 거의 같습니다. 그래도 다행히 구별할

부모 새와 어린 새

길이 있습니다. 부모 새는 지저분하기 이를 데 없고 어린 새는 깔끔하기 그지없습니다.

이소/ 어린 새의 둥지 떠나기

어린 새가 둥지를 떠나는 것을 이소라고 합니다. 번식의 마지막 일정이며, 저들과 헤어질 시간이라는 뜻이기도 합니다. 둥지를 떠난 동고비가 다시 둥지로 돌아오지는 않으니까요. 둥지를 떠나서도 부모 새는 얼마간 어린 새를 돌볼 것입니다. 하지만 둥지를 떠나 울창한 숲으로 스며든 저들의 삶을 더 지켜보는 것이 현실적으로 불가능합니다. 추적 장치를 달아 추적하는 방법이 있지만 내 능력이 거기까지 닿지는 못합니다. 그리고 내 눈과 가슴으로만 함께하고 싶은 마음도 큽니다.

새의 이소 순간을 여러 번 마주한 편입니다. 기뻐서 울 때가 많았고, 슬퍼서 울 때도 많았습니다. 성공도 많고 실패도 많으니까요. 둥지를 떠날 때가 찬 어린 새가 둥지를 잘 떠나도록 부모 새가 안내하는 과정을 '이소 유도'라고 합니다. 이소 유도를 언제 어떻게 할 것인지는 부모 새가 결정합니다. 먹이 공급을 대폭 줄이거나, 먹이를 주지는 않고 주위를 빙빙 돌며 약만 올리는 것이 이소 유도의 대표적인 예입니다. 특별한 소리를 내서 부르거나 둥지 근처에서 펄럭펄럭 날갯짓하는 행동을 하기도 합니다.

이소할 만큼 충분히 컸는데 어린 새가 둥지에 계속 있으려 한다거나, 둥지에 계속 남아 있는 것이 위생상 또는 천적의 동태 등을 고려할 때 위험하다고 여기면 이소 유도를 더 강하게, 더 일찍 하기도 합니다. 그런데 부모 새가 이소 유도를 지나치게 일찍 할 때가 있습니다. 부모 새라 하여 모든 면에서 완전한 것은 아니니까요. 아직 준비가 안 된 어린 새는 제대로 비행하여 안전한 곳에 내려앉기보다는 추락하기 쉽습니다. 딱다구리의 둥지나 자연 수동에서 자라는 어린 새의 경우 입구로 몸을 내밀고는 있지만 아직 둥지를 떠날 준비가 된 것이 아닌데 뒤에서 밀치는 바람에 밀려서 떨어지기도 합니다. 둥지를 벗어나기는 했으나 물로 떨어져 익사하는 경우도 적지 않습니다.

동고비는 어떨까요? 동고비 어린 새는 둥지를 떠날 때 실패가 없습니다. 정확히 표현하면 지금까지는 보지 못했습니다. 동고비 둥지의 특별함이 큰 몫을 하는 것으로 보입니다. 동고비는 둥지 입구가 엄청 좁습니다. 몸을 비비며 안간힘을 써야 간신히 드나들 수 있습니다. 이소를 앞둔 어린 새의 크기는 부모 새와 비슷합니다. 오히려 살짝 살지기도 하고요. 어린 새 또한 둥지를 벗어나려면 좁은 입구를 지나 스스로 몸을 비비며 밖으로 나오는 구체적이고 실질적인 몸짓이 있어야 합니다. 의지와 관계없이 떠밀려 둥지를 벗어나는 일은 일어나지 않는다는 것입니다. 게다가 동고비 부모 새는 이소 유도 행동을 거의 하지 않습니다. 전적으로 어린 새에게 맡깁니다.

어린 새가 언제 둥지를 떠날지는 번식 일정을 지켜보는 이에게 무척 중요한 순간입니다. 관찰자가 마주할 수 있는 번식 일정의 마지막 단계이며, 번식의 성공과 실패를 가르는 문턱이기에 그렇습니다. 이소는 말 그대로 어린 새가 둥지를 떠나는 순간으로 순식간에 벌어집니다. 그 순간을 마주하고 싶지만 쉽지 않은 까닭입니다. 이소의 순간을 미리 알 수 있다면 좋겠지만 쉽지 않습니다. 길은 하나뿐입니다. 내내 지켜보는 것입니다. 물론 내내 지켜보다가도 아주 잠시 한눈을 판 사이에 놓치기도 하니 장담할 수는 없지만요. 정확한 시간까지는 어렵더라도 날짜 정도를 예측하는 것은 가능합니다. 이소 전날 즈음이면 조짐이 있기 때문입니다. 다만 이소 시간은 대체로 비슷합니다. 지금까지 본 여덟 번의 이소가 모두 오전이었습니다. 오전도 어둑어둑한 이른 시간은 아니었고 9시 전후로 해가 완전히 뜬 이후였습니다.

이소를 하루 정도 앞두면 어린 새가 무척 부산해집니다. 동고비뿐만 아니라 여느 어린 새들도 크게 다르지 않습니다. 머리에 착 달라붙어 있는 머리털을 순간적으로 확 세웠다 내리는 행동을 반복하기도 합니다. 어린 새만 이런 행동을 하는 것은 아닙니다. 부모 새 또한 머리털과 몸 전체의 털을 세워 몸이 평소보다 무척 크게 또는 통통하게 보일 때가 있습니다. 털 세움(piloerection) 또는 입모(立毛)라 합니다. 털 세움은 새가 보이는 일반적인 행동으로 배가 고프거나, 천적을 비롯하여 주위에 불편한 존재가 있는 등 뭔가 불안하고 불편할 때 보이는 행동입니다.

이어 둥지 밖으로 고개를 내밀었다 넣기를 반복하다 입구 쪽을 부리로 콕콕 쪼기도 합니다. 둥지 너머의 새로운 세상을 향한 기대와 불안과 불편이 뒤섞인 행동으로 보입니다. 다음 날, 곧 이소의 날이 되면 전날 보였던 행동이 조금 더 잦고 강해집니다. 그러다 입구로 고개만이 아니라 몸통까지 내미는 동작을 두세 번 반복합니다. 이어서 좁은 입구를 통해 몸을 부르르 떨면서 밀고 나오면 이소입니다. 그런데 둥지를 벗어났다가도 다시 들어가는 경우가 있습니다. 다른 종에게는 드문 일이지만 동고비는 잦은 편입니다. 여덟 번 모두 적어도 한 번은 그런 일이 있었습니다. 하지만 다시 들어갔다 하더라도 오래지 않아 이소는 다시 일어납니다.

동고비의 경우 부모 새의 특별한 이소 유도 행동은 없다고 했습니다. 더군다나 이소를 앞두면 대체로 먹이를 덜 주는 경향이 있는데 동고비는 오히려 더 몰아쳐 먹입니다. 부모 새의 유도에 의해 이소를 하기보다는 스스로 준비가 되어야 떠나는 방식인 것입니다. 그러다 하나가 둥지를 나오면 다른 어린 새들도 꼬리를 잇듯 나오는 특징이 있습니다. 그러면 어린 새들이 꼬리를 잇듯 나올 수 있는 배경은 무엇일까요? 생장 수준이 비슷하기 때문입니다. 마치 한날한시에 태어나 똑같이 먹이를 먹은 아이들처럼 말이지요. 그렇습니다. 거의 같은 시간에 알을 깨고 나왔고 먹이도 거의 비슷하게 먹고 자랐기 때문입니다. 엄마 새와 아빠 새가 그 어려운 일을 해낸 것이고요. 어떻게 하는 것일까요?

동고비만이 아닙니다. 새는 새끼를 성장 차이가 거의 없이 골고루 키워내는 재주가 있습니다. 이는 두 가지 조건이 충족될 때 가능합니다. 동시 부화와 균등한 배식입니다. 동시 부화의 전략은 앞서 설명했습니다. 그러면 어떻게 균등하게 배식할까요? 누가 언제 먹었는지, 그래서 누가 가장 배가 고픈지 구별할 줄 알아야 하는데 부모 새들은 이를 정확히 압니다. 다시 말해 누구에게 이번 먹이를 주어야 하는지 안다는 뜻입니다. 먹이는 먹이를 가장 간절히 원하는 어린 새에게 줍니다. 고개를 가장 높이 드는 새입니다. 그런데 방금 먹어놓고도 또다시 고개를 가장 높게 들 수 있습니다. 부모 새는 이것도 압니다. 새는 장이 짧습니다. 금방 먹이를 먹은 어린 새는 먹이를 바로 또 넘기기 힘듭니다. 고개를 가장 높이 들어 먹이를 주었는데 잘 넘기지 못하면 다시 빼내서 다음으로 고개를 높이 든 어린 새에게 줍니다. 그 어린 새도 잘 넘기지 못한다면 또다시 그다음으로 간절한 어린 새에게 주고요. 이 정도면 골고루 키우기에 충분하지 않을까요?

하지만 동고비의 둥지는 위가 열린 구조가 아닙니다. 입구가 좁습니다. 오직 한 마리만 고개를 내밀 수 있는 구조입니다. 이 경우 가장 간절한 개체가 입구를 차지하고 있다고 보면 됩니다. 또한 금방 먹이를 받아먹어 간절함이 사라진 어린 새가 다른 어린 새와의 모진 자리다툼을 버텨내며 입구를 차지하고 있을 가능성은 낮습니다. 게다가 동고비는 작은 먹이를 여러 번 몰아쳐서 줍니다. 아주 큰 먹이를 가끔 가져오는 것이 아니어서 어린 새들끼리 먹이를 두고 크게 경쟁하지 않아도 됩니다. 이처럼 고개를 내밀고 있는 개체는 배고픔의 순서에 따라 서로 정한 것으로 보면 됩니다. 따라서 부모 새는 고개를 내밀고 있는 개체에게 먹이를 주기만 하면 골고루 키우는 것은 자연스럽게 해결됩니다.

어린 새들이 꼬리를 잇듯 거의 시차를 두지 않고 이소하느냐, 며칠에 걸쳐 이소하느냐는 새에 따라 다릅니다. 아무래도 어린 새들이 같이 떠나면 이소 이후의 양육 및 관리에 유리하겠고요. 동고비처럼 크기가 작은 새들은 주로 시차 없이 줄줄이 이소하고 덩치가 큰 새들은 시차가 생기는 것이 일반적입니다.

어린 새는 6~9마리인데 꼬리를 잇듯 밀고 나오다가 다시 들어가기도 해서 전체 숫자를 알려면 잘 세야 합니다. 입구에서 몸도 다 빠져나오지 않았는데 휙 날아가는 어린 새, 위로 걸어서 쭉쭉 올라가는 어린 새, 나왔다가 다시 들어가는 어린 새, 고개를 아래로 향하고 등을 활처럼 휘어 전형적인 동고비 자세를 갖춰 부모 새로 순간 착각하게 하는 어린 새, 뒤에서 밀쳐 고꾸라지는 어린 새, 나오자마자 먹이를 받아먹는 어린 새……. 이렇게 저렇게 각양각색이어서 살짝 정신이 없기도 합니다. 어린 새가 모두 이소하기까지 5분이 채 걸리지 않습니다.

부모 새는 둥지가 진짜 다 비었는지 꼭 확인합니다. 어린 새들이 어떻게 둥지를 나서든 향하는 곳은 나무 꼭대기입니다. 아래로 내려가는 경우는 미끄러져 떨어질 때뿐입니다. 위로, 위로, 더 높이, 더 높이……. 꽤 높이 오르고 줄기와 가지의 여건이 안정적이다 싶으면 가만히 자리를 잡고 움직이지 않습니다. 기다립니다. 엄마나 아빠가 먹이를 가지고 올 때까지 가만히 기다릴 줄도 압니다. 이소 후 받아먹는 첫 먹이의 힘은 무척 큽니다. 응원의 먹이니까요. 가만히 있다가도 먹이를 받아먹으면 바로 날아갑니다. 이소 때의 첫 비행과 밖으로 나와 먹이를 받아먹은 뒤 이루어지는 두 번째 비행은 차원이 다릅니다. 그렇게 멀리 또 멀리 동고비 가족은 깊은 숲속으로 스며듭니다.

이소 직후 부모 새가 어린 새에게 먹이를 줄 때가 부모 새와 어린 새의 크기를 비교할 기회입니다. 거의 비슷하지만 어린 새가 살짝 살져 보입니다. 어린 새를 키우느라 부모 새가 수척해진 탓도 있겠지요. 이소 때 어린 새의 크기는 이소 후 부모 새가 어린 새를 돌보는 기간을 결정합니다. 대체로 어린 새가 부모 새의 크기로 클 때까지 어린 새를 돌봐준다고 보면 됩니다. 알을 깨고 나온 병아리를 생각해 보시지요. 크기 차이가 꽤 납니다. 어미 닭은 병아리가 자신의 크기 정도로 클 때까지 돌봐주다 독립시킵니다. 동고비는 어린 새들을 오래 돌보지 않는다는 뜻입니다.

늦은 봄까지는 어린 새들이 모여 다니는 모습이 눈에 띕니다. 이후로는 한두 마리만 보입니다. 여름 즈음이면 어린 새는 더 이상 어린 새가 아닙니다. 홀로 서서 자기의 영역을 마련하며 살아가는 것으로 보입니다.

이소1

이소2

이소 3

이소 4

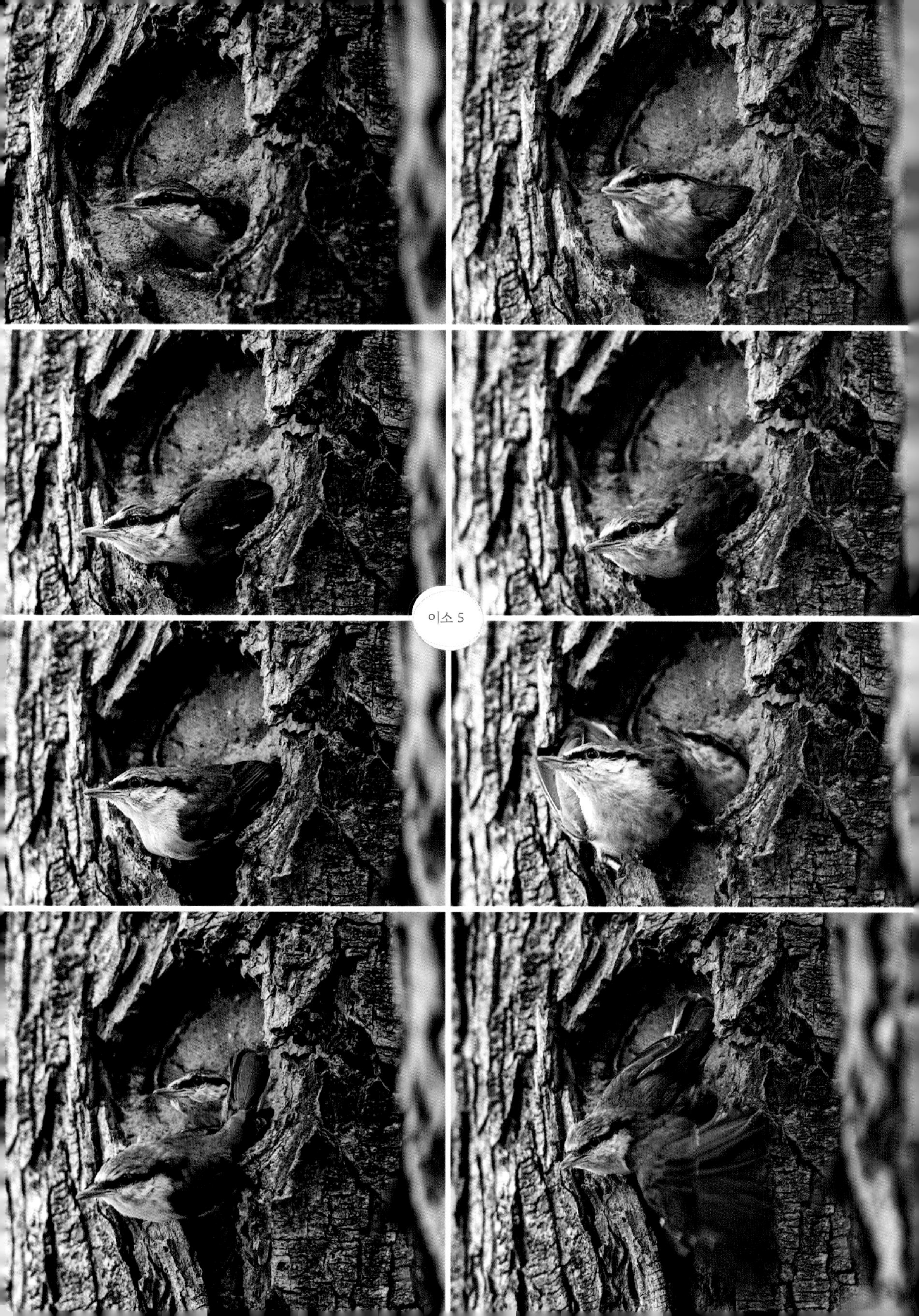

이소 5

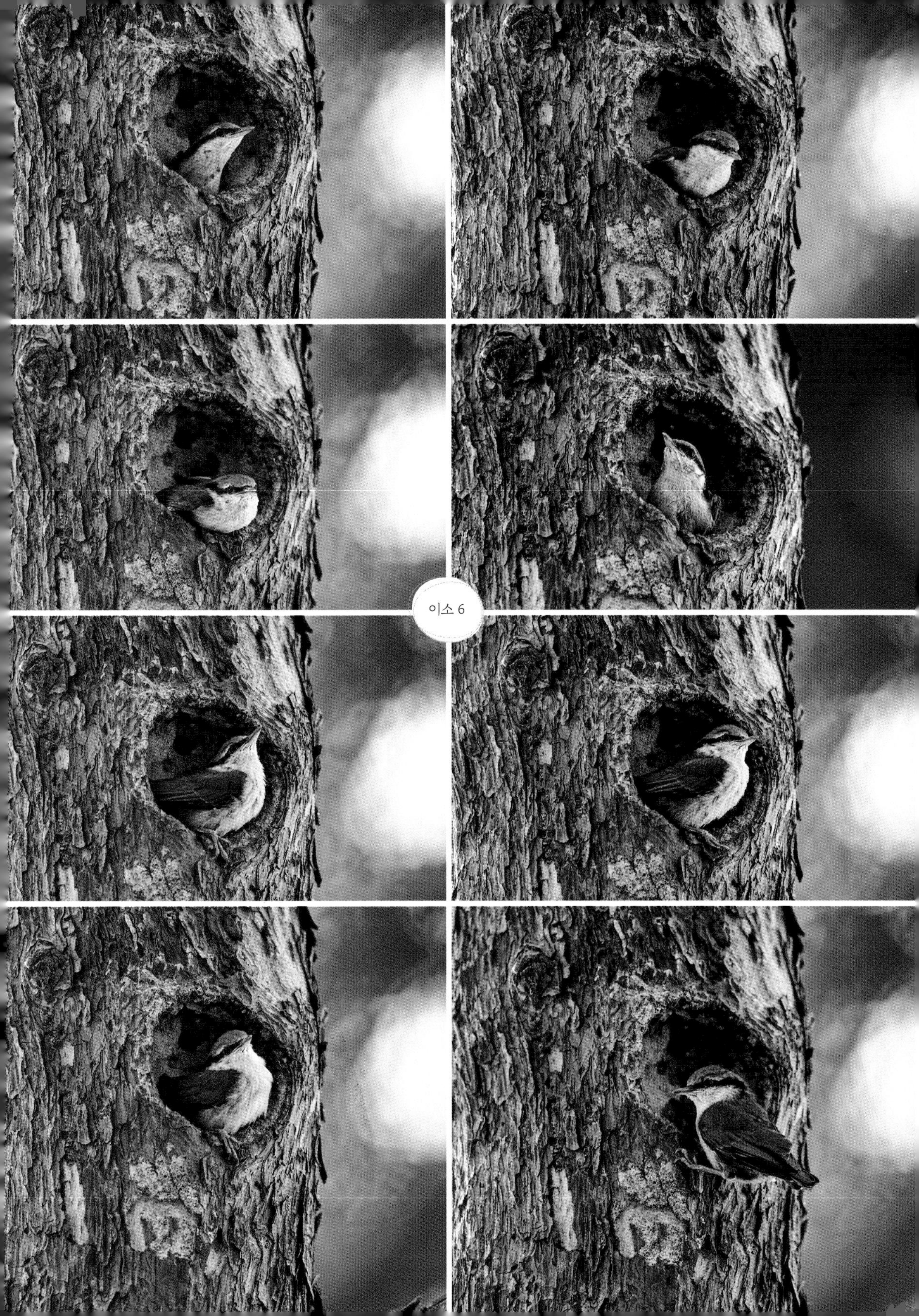

이소 6

둥지 입구에서
먹이 주기 1

둥지 입구에서
먹이 주기 2

둥지에서 벗어나기

둥지 나무에서
벗어난 이후 먹이 주기

둥지 다툼, 둥지 전쟁

자연 수동이라는 오래된 나무에 생긴 틈이나 공간은 숲의 동물이라면 누구라도 보금자리로 삼고 싶어하는 곳입니다. 숲의 동물 중 새가 빠질 수 없고요. 자기 한 몸을 위해서도 그렇지만 새끼를 키워내기에 더없이 아늑하고 안전하기 때문입니다. 우리 숲에 자연 수동이 많으면 좋으련만 턱없이 부족한 것이 현실입니다. 자연 수동을 품을 만한 오래된 나무 자체가 많지 않다는 것이 가장 큰 이유입니다.

숲에 깃들인 동물에게는 다행스럽게도 자연 수동과 같은 의미를 지닌 공간이 또 있습니다. 딱다구리가 만든 둥지입니다. 딱다구리 둥지는 자연 수동보다 더 정교하고 안정적인 공간입니다. 생명체가 공들여 만들고 다듬은 것이니까요. 더군다나 번식을 치르기 위한 공간으로는 완벽합니다. 튼튼한 나무가 둘러서 있어 안전이 보장되고, 입구가 좁아 천적의 출입이 제한적이며, 천적을 효과적으로 방어할 수 있고, 게다가 내부는 널찍한 점을 이유로 들 수 있습니다.

물론 자연 수동이나 딱다구리 둥지만은 못하더라도 번식을 치를 수 있는 공간은 더 있습니다. 돌 틈, 나무 틈, 땅속 굴, 까치집, 인공 조형물 또한 활용 가능한 공간입니다. 그러니 번식을 치를 수 있는 보금자리에 대한 선택의 폭은 조금 더 넓어집니다. 하지만 동고비는 사정이 다릅니다. 딱다구리 둥지가 없다면 동고비도 없다고 할 만큼 딱다구리 둥지에 의존적입니다. 그렇다고 딱다구리 둥지가 숲에 널려 있는 것도 아니고 보면 동고비가 갈 길은 시작부터 험난한 것이 사실입니다.

《동고비와 함께한 80일》의 경우, 특별한 사고나 사건 없이 둥지는 평화로웠습니다. 기웃거리는 친구들이 있었고, 슬쩍 다투는 정도의 일은 더러 있었지만요. 둥지를 기웃거리는 친구 중 단골손님은 박새, 쇠박새, 곤줄박이였습니다. 동고비와 덩치는 비슷했으나 동고비의 적수까지 되지는 못했습니다. 동고비가 나타나면 달아나기 바빴으니까요. 빼앗으려고 기웃거리는 몸짓보다 반드시 지키겠다는 의지가 훨씬 더 강해 보인 결과일 것입니다.

둥지의 옛 주인인 딱다구리 종류의 등장으로 긴장감이 감돌기도 합니다. 하지만 경계의 임무를 완벽할 정도로 수행했던 수컷이 '매복과 기습' 작전을 펼쳐 자신보다 상당히 큰 청딱다구리와 큰오색딱다구리를 깔끔하게 몰아냈습니다. 동고비를 가장 귀찮게 한 것은 오히려 자신보다 작아 둥지에 쉽게 드나들던 진박새였습니다. 진박새는 동고비가 바닥에 깔아놓은 나무껍질을 꺼내 버리고 자기가 좋아하는 이끼와 나뭇잎을 넣었습니다. 동고비는 진박새가 넣은 것을 빼내 버리고 다시 나무껍질을 넣었고요. 며칠, 넣고 빼는 신경전이 벌어졌으나 이 또한 동고비는 깔끔하게 해결했습니다. 처음에는 진박새가 넣을 때마다 빼냈습니다. 시간이 흐르면서는 어두워지고 진박새의 하루 일정이 끝나면 한꺼번에 모두 꺼내 버렸습니다. 먼지가 떨어질 때마다 빗자루를 들 수는 없었던 것입니다. 그러다 동고비가 결정적인 한 방을 날립니다. 멀리서 조용히 숨죽이며 진박새가 둥지로 들어가기를 기다립니다. 진박새가 둥지 안으로 들어가는 것을 확인하고는 휙 날아가 입구를 딱 막고 독 안의 쥐로 만들어 버립니다. 진박새도 밖으로 나오지 않고 버텨보지만 나오지 않을 수 없습니다. 이 과정은 살짝 귀엽기도 했습니다. 동고비가 가장 긴장하고 경계하는 대상은 다람쥐였습니다. 전혀 예상하지 못했습니다. 내게는 숲의 귀염둥이지만 동고비는 달가워하지 않았던 것입니다. 하지만 매복과 기습의 위력은 여전히 유효했습니다. 몇 배 큰 다람쥐도 꽁무니를 빼야 했으니까요.

그 정도였습니다. 그리고 모두 그런 정도인 줄 알았습니다. 하지만 그것이 전부가 아니었고 모두 그 정도인 것도 아니었습니다. 둥지를 두고 경쟁이 심했고, 경쟁을 넘어 다툼과 전쟁까지 벌어지기도 했습니다. 어떠한 경우든 딱다구리 둥지 입구를 진흙을 붙여 좁히고 진흙이 다 마르면 동고비가 이긴 것입니다. 진흙 자체는 약하지만 잘 마르면 돌처럼 단단해지는 것이 진흙이기도 하기 때문입니다. 이제 동고비의 경쟁자들 하나하나와 저들 사이에서 벌어지는 경쟁과 전쟁, 그 속살을 소개합니다.

딱다구리

우리나라에 서식하는 딱다구리과의 새는 쇠딱다구리, 아물쇠딱다구리, 오색딱다구리, 큰오색딱다구리, 청딱다구리, 까막딱다구리입니다. 나열 순서는 크기 순서고요. 그렇습니다. 쇠딱다구리가 가장 작습니다. 새 이름 앞에 '쇠'가 붙어 있으면 그 종류 중 가장 작다는 뜻입니다. 둥지 입구의 크기를 비교하자면 쇠딱다구리는 100원 동전, 오색딱다구리는 탁구공, 큰오색딱다구리는 달걀, 청딱다구리는 자두, 까막딱다구리는 참외 정도입니다. 크기가 클수록 둥지 입구는 자연히 커지며, 체형이 다르기 때문에 입구의 모양에도 차이가 있습니다.

처음 지었을 때의 모습과 크기가 이러하며 둥지의 주인이 바뀌면 모습과 크기도 따라서 변합니다. 가장 작은 쇠딱다구리와 가장 큰 까막딱다구리는 그런 일이 없으나 오색딱다구리, 큰오색딱다구리, 청딱다구리는 크기 차이가 그리 나지 않아서 둥지를 공유합니다. 오색딱다구리는 큰오색딱다구리나 청딱다구리의 둥지를 그대로 사용합니다. 입구가 조금 넓은 것 말고는 문제가 없으니까요. 큰오색딱다구리 또한 청딱다구리의 둥지를 그대로 사용합니다. 역시 입구가 조금 넓을 뿐이니까요. 하지만 청딱다구리가 오색딱다구리나 큰오색딱다구리의 둥지를 쓰려면 입구가 조금 넓어야 하며, 실제로 넓힙니다. 그러다 보니 둥지의 입구 모양은 누가 만들었느냐에 따라, 그리고 누가 둥지의 새로운 주인이 되느냐에 따라서 변합니다. 그러면 딱다구리 각각의 종과 동고비 사이에는 어떤 일이 벌어질까요?

쇠딱다구리는 우리나라의 딱다구리 중 가장 작은 딱다구리입니다. 쇠딱다구리는 15센티미터 정도의 크기이니 참새와 크기가 비슷합니다. 물론 체형에 차이가 있어 느낌은 조금 다릅니다. 아물쇠딱다구리는 쇠딱다구리와 비슷하게 생겼으며 쇠딱다구리보다 살짝 큽니다. 쇠딱다구리는 마치 금방 깎아놓은 연필심 모양으로 부리가 퍽 짧습니다. 하지만 나무를 파서 먹이를 잡고 둥지를 짓는 데에는 아무런 문제가 없습니다. 딱다구리 종류에는 법칙 하나가 있습니다. 머리에 어떠한 형태로든 붉은색이 있으면 수컷입니다. 암컷은 없고요. 그런데 쇠딱다구리 수컷은 붉은색이 거의 점 수준으로 작아서 잘 살펴보아야 구별할 수 있습니다.

입구의 크기로만 볼 때 쇠딱다구리와 아물쇠딱다구리의 둥지 입구는 동고비가 진흙을 붙여 최종적으로 좁힌 크기와 거의 비슷합니다. 그러니 동고비의 가장 좋은 둥지가 될 수 있습니다. 이론적으로는 그렇습니다. 하지만 동고비가 쇠딱다구리나 아물쇠딱다구리의 둥지를 보금자리로 삼은 것을 보지 못했습니다. 두 가지 이유를 들 수 있습니다. 첫째, 내부 공간이 너무 좁습니다. 쇠딱다구리는 주로 죽은 나무 또는 죽어가는 나무에 둥지를 짓습니다. 언제나 그리 굵지 않은 나무를 선택합니다. 몇 번, 둥지 나무가 부러져 둥지 내부의 규모를 볼 기회가 있었습니다. "어찌 이렇게 좁은 곳에서 어린 새를 키워낼 수 있었지?" 하는 의문이 들 정도였습니다. 물론 문제 될 것은 없습니다. 쇠딱다구리는 네 마리 정도의 어린 새를 키우기 때문입니다. 키우는 어린 새의 숫자 자체가 적습니다. 동고비는 사정이 다릅니다. 여덟 마리 정도로 쇠딱다구리보다 두 배 많은 어린 새를 키웁니다. 아무리 입구를 좁히는 수고를 하지 않더라도 동고비로서는 쇠딱다구리의 둥지 내부가 너무 좁은 것이 분명합니다. 둘째, 동고비는 딱다구리의 둥지를 어린 새를 키워낼 보금자리로 삼더라도 날로 먹듯 그냥 차지하지 않는 습성이 있어 보입니다. "아주 조금일지언정 진흙을 붙여 직접 좁히지 않은 둥지는 내 둥지가 아니다"는 결기 말입니다. 그 근거는 이렇습니다. 딱다구리의 둥지라 하여 영원하지는 않습니다. 누가 드나들며 사용하면 둥지 입구가 유지되지만 그렇지 않으면 입구가 서서히 좁아지다 결국 막힙니다. 누가 쓰지 않으면 문을 닫는다는 뜻입니다. 딱다구리 둥지는 나무 입장에서 보면 일종의 상처입니다. 나무는 스스로 상처를 치료하며 아물어가는 것이고, 그 결과로 입구가 막히는 것입니다.

누가 쓰지 않아 입구는 막혀도 내부의 공간은 한동안 유지됩니다. 내부는 입구보다 훨씬 더 큰 상처이기 때문이지요. 이렇게 둥지 입구가 좁아지는 과정에서 마침내 동고비가 진흙을 붙여 좁혀야 할 딱 그 크기가 될 때가 있습니다. 그러한 둥지에도 동고비는 관심을 보이지 않습니다. 내부 공간이 큼직하니 참 좋은데 말이지요. 그런가 하면 진흙을 아주 조금만 살짝 붙인 둥지도 있습니다. 이런 것을 종합해 볼 때 동고비가 고르는 딱다구리 둥지의 조건은 내부 공간에 여유가 있는 것이 우선이고, 다음으로는 아주 조금이라도 진흙을 붙여 직접 좁혀야 할 만큼 입구가 살짝 넓은 것이라 할 수 있습니다. 동고비는 딱다구리의 둥지를 활용하는 생명입니다. 그러니 둥지를 지은 원래 주인이 동고비의 경쟁자가 되는 것은 당연합니다. 또한 동고비가 좋아하는 조건을 두루 갖춘 것이 오색딱다구리, 큰오색딱다구리, 청딱다구리의 둥지여서 동고비의 주요 경쟁 상대도 결국 이들이 되는 것입니다.

오색딱다구리는 이름에서 엿볼 수 있듯이 다섯 가지 색(흰색, 검은색,

갈색, 붉은색, 주황색)을 지닌 딱다구리입니다. 하지만 암컷은 머리에 붉은색이 없으니 엄밀히 말하면 사색딱다구리입니다. 크기는 23센티미터 정도입니다.

큰오색딱다구리는 오색딱다구리와 비슷하지만 2센티미터 정도 큽니다. 2센티미터 크기 차이를 자연 상태에서 구별하기 쉽지 않지만 몇 가지 차이가 있습니다. 수컷의 경우 큰오색딱다구리는 머리 윗부분 전체가 붉고, 오색딱다구리는 머리 뒷부분만 붉습니다. 암컷은 오색딱다구리와 큰오색딱다구리 모두 머리에 붉은색이 없으므로 머리만 보아서는 누구인지 구별하기 어렵습니다. 가장 크게 다른 곳은 가슴과 배입니다. 큰오색딱다구리는 가슴과 배에 걸쳐 흰색 바탕에 검은색 줄무늬가 있고, 오색딱다구리는 검은색 줄무늬가 없습니다. 등의 흰색 무늬에도 차이가 있습니다. 큰오색딱다구리는 흰색 줄무늬가 가로로 가늘게 여러 겹 있는 반면, 오색딱다구리는 여덟 팔자(八)를 뒤집은 모양 또는 U자 모양으로 흰 무늬가 크게 있습니다.

청딱다구리는 30센티미터의 크기로 배와 머리가 회색이며 수컷은 머리 위쪽으로 붉은 털이 돋아 있습니다. 등 쪽은 녹색입니다. 녹색을 푸르다(청)고도 하는 데서 비롯한 이름입니다. 새끼를 키울 때 먹이를 잡아 부리에 날개로 물고 오는 쇠딱다구리, 아물쇠딱다구리, 오색딱다구리, 큰오색딱다구리와 달리 청딱다구리는 먹이를 배에 넣고 와서 토해 줍니다. 이는 청딱다구리보다 큰 까막딱다구리도 마찬가지입니다. 몸집이 큰 친구들이라 먹이를 날개로 하나씩 하나씩 나르는 것이 비효율적이었던 모양입니다.

사실 오색딱다구리, 큰오색딱다구리, 청딱다구리도 몸집으로만 보면 동고비가 상대하기 버거운 친구들입니다. 그렇다면 딱다구리 종류 중 가장 큰, 그래서 둥지의 입구 또한 감당하기 어려울 만큼 어마어마하게 큰 까막딱다구리 둥지에 대한 동고비의 반응은 어떨까요? 까막딱다구리 둥지는 딱다구리 둥지 중에서도 경쟁이 가장 치열한 곳입니다. 자연 수동에서 번식하는 친구들이 많다고 했습니다. 그중에는 몸집이 큰 친구들도 있고요. 몸집이 크니 규모가 큰 수동이 필요합니다. 그런데 우리나라의 숲에 큰 수동을 품은 나무가 퍽 드뭅니다. 저들이 까막딱다구리 둥지로 몰려들 수밖에 없는 이유입니다. 이처럼 덩치 큰 생명체들이 처절하게 다투는 전쟁터에 동고비도 참전합니다. 동고비가 실패할 확률이 무척 높습니다. 하지만 도전합니다. 어마어마하게 큰 정도가 아니라 바다처럼 넓어도 도전하지 않을까 싶습니다. 그리고 실제로 그 전쟁에서 이기기도 합니다. 동고비, 참으로 당찬 친구입니다.

쇠딱다구리

오색딱다구리

큰오색딱다구리

청딱다구리

까막딱다구리

다람쥐

내가 만난 첫 번째 동고비 둥지, 곧 《동고비와 함께한 80일》 둥지의 경우 동고비가 진흙으로 입구를 좁히기 전 둥지를 가장 자주 들락거렸던 것은 다람쥐였습니다. 그래서 "이 둥지는 올해 다람쥐가 차지하겠는걸!" 하고 혼잣말을 하기도 했습니다. 결국 동고비가 둥지를 차지하기는 했지만 다람쥐도 쉬 물러서지는 않았고 무엇보다 둘 사이의 분위기가 좀 묘했습니다. 둥지가 완성된 이후에도 다람쥐가 나타나면 동고비가 꽤 민감하게 반응하는 이유를 잘 몰랐습니다. 시간이 흐르며 알게 되었습니다. 다람쥐가 동고비의 강력한 경쟁자이며, 천적이기도 하다는 것을 말이지요.

다람쥐는 기본적으로 땅속 굴에서 새끼를 낳아 키웁니다. 평평한 땅보다는 그루터기나 돌무더기에서 연결된 땅굴일 때가 많습니다. 근래 야생고양이를 비롯하여 다람쥐의 천적이 증가하고 있습니다. 새끼를 낳은 뒤, 보금자리가 천적에 노출되었다고 여기면 어미는 어린 새끼를 물고 다른 곳으로 옮깁니다. 한 장소에서 세 번이나 옮기는 것을 본 경험이 있습니다. 내가 본 것이 전부가 아닐 테니 그보다 더 많이 옮길 수 있습니다.

그러다 땅을 벗어나 나무로 옮기기도 합니다. 차가운 봄날, 빈 가지에 앉아 털 하나 돋지 않은 어린 새끼들을 보듬어 키울 수는 없습니다. 찬바람과 비바람을 막아줄 곳이 필요합니다. 갈 곳은 둘 중 하나입니다. 자연 수동 또는 딱다구리 둥지. 지금까지 다람쥐가 자연 수동이나 딱다구리 둥지에서 새끼를 키우는 모습을 스무 번 만났습니다. 그중 약 90퍼센트는 딱다구리 둥지였습니다. 딱다구리 둥지 활용도가 압도적으로 높습니다.

다람쥐는 번식기의 폭이 넓은 편입니다. 이른 봄에 시작하기도 하고, 한여름에 시작할 때도 있습니다. 한 해에 번식을 두 번 하기도 하고요. 봄과 여름 둘 중 한 계절을 택한다면 겨울잠에서 깨어나 얼마 지나지 않아 출산하는 경우가 많습니다. 이 경우 새끼를 키우는 시기가 동고비와 딱 겹칩니다. 새끼를 키우는 공간도 겹칩니다. 더군다나 다람쥐는 잡식성

다람쥐

입니다. 특히 새의 알을 좋아합니다. 도저히 지날 것 같지 않은 좁은 곳도 쉽게 드나들 수 있습니다. 다람쥐가 나타나면 동고비가 엄청 민감하게 반응하는 이유입니다. 둥지 바로 옆에서 직박구리가 차분히 깃을 고르고 있고, 둥지로부터 먼 곳에서 다람쥐가 나타났을 때 동고비는 다람쥐를 공격합니다. 다 알고 있는 것입니다. 누구는 둥지 근처에 있더라도 아무런 해를 끼치지 않는 생명이고, 누구는 해를 끼치는 위험한 존재인지 말이지요. 다람쥐, 동고비의 강력한 라이벌입니다.

하늘다람쥐

딱다구리 둥지라 하여 입구가 다 같지 않습니다. 입구가 온전한 딱다구리 둥지가 있습니다. 온전하다는 것은 반듯하고 깔끔하다는 뜻입니다. 입구에 거미줄이 있거나 무엇이 드나들지 않아 입구가 거친 것이 아니라 반질반질한 경우입니다. 입구가 반질반질하다는 것은 누가 하루에 몇 차례 드나든다는 뜻입니다. 누가 하루에 몇 차례 드나들었다 하여 무슨 차이가 있느냐 할 수 있지만 그렇지 않습니다. 아무도 드나들지 않은 둥지와 몇 번이라도 드나든 둥지는 확연히 다릅니다. 따라서 입구가 반질반질하다면 누군가 그 안에서 살고 있다는 뜻입니다. 누가 살고 있을까요? 물론 지켜보면 됩니다. 번식기와 비번식기로 나누어 살펴보겠습니다.

먼저 번식이 끝난 시기, 비번식기입니다. 딱다구리는 번식이 끝나면 암수가 따로 집을 씁니다. 밤에 와서 잠을 자고 아침에 둥지를 나서기 때문에 낮에는 비어 있습니다. 딱다구리가 있는지 없는지 알려면 어둑어둑해지는 시간에 살펴봐야 합니다. 깜깜해지기 전에는 잠을 자러 오기 때문에 구별할 수 있습니다. 딱다구리가 산다면 분명 옵니다. 그리고 아침에 둥지를 나설 것입니다. 밤에 들어오고 아침에 나갈 뿐이지만 이러한 경우에도 입구는 반질반질합니다.

어두워졌는데도 딱다구리가 오지 않는다면 조금 더 기다리면 됩니다. 이미 안에 누가 있다는 뜻이니까요. "이제 안 보이네" 하는 시간이 되면 둥지에서 고개를 쑥 내미는 친구가 있기 마련입니다. 다람쥐와 비슷한 크기의 하늘다람쥐입니다. 하늘다람쥐는 잠시 고개를 내밀고 눈망울을 굴리며 주변을 살핀 뒤 밖으로 나옵니다. 밖으로 나오면 몸을 돌려 위쪽으로 나무를 타고 엄청 빠른 속도로 올라갑니다. 그러다 일정 높이에 이르면 활강하여 다른 나무줄기에 내려앉고요. 다시 위로 이동, 다시 활강하다 보면 N을 그리듯 이동하는 꼴이 됩니다. 비막이 있어 활강하는 것이 하늘다람쥐의 가장 큰 특징입니다. 먹이활동을 마치면 다시 둥지로 돌아갑니다. 이 경우에도 입구는 반질반질합니다.

번식기에는 다른 모습이 펼쳐집니다. 딱다구리는 번식 둥지를 암수가 교대로 지킵니다. 만약 딱다구리가 살고 있으며 번식을 치르는 중이라면 아무리 길어도 두 시간이 지나지 않아 둥지 입구로 암컷이든 수컷이든 고개를 내밀기 마련입니다. 알을 품고 있을 때는 둥지 바닥에 몸을 웅크리고 있어서 입구를 통해 보이는 것이 없습니다. 그렇더라도 적어도 두 시간에 한 번 정도로 잠시 모습이 보입니다. 입구로 올라와 바람도 쐬고, 밖의 동태와 사정도 살피기 때문입니다.

번식기이며 분명 누가 드나드는 둥지로 보이는데 두 시간이 넘도록 아무도 모습을 보여주지 않는다면 하나입니다. 야행성이 산다는 뜻입니다. 딱다구리 둥지를 보금자리로 삼으며 번식도 치르는 야행성의 동물은 하늘다람쥐, 소쩍새, 큰소쩍새입니다. 모두 동고비의 경쟁자들이지만 시기적으로 동고비와 겹치는 것은 하늘다람쥐입니다. 하늘다람쥐는 번식 때에만 딱다구리 둥지를 사용하는 것이 아니라 일 년 내내 딱다구리 둥지에서 사는 종이기도 합니다.

하늘다람쥐는 동고비보다 딱다구리의 둥지를 차지할 확률이 높습니다. 승률로 보면 8:2 정도입니다. 그도 그럴 것이 하늘다람쥐는 야행성이어서 동고비가 둥지를 탐색하러 다니는 낮에는 둥지 안에서 꿈쩍도 하지 않고 잠을 잡니다. 잠시도 비우지 않고 둥지를 지키는 것과 다르지 않습니다. 둥지 안에서 꿈쩍도 하지 않는 하늘다람쥐를 안으로 들어가 밖으로 몰아낼 만큼 동고비가 힘이 세지는 않습니다.

그렇다면 어떻게 열 둥지 중 두 둥지라도 차지할 수 있는 걸까요? 딱다구리의 경우 자기가 지은 둥지라도 안으로 들어가기 전 항상 누가 있는지 고개를 숙여 확인하고 들어갑니다. 누가 있으면 다투지 않고 다른 곳으로 갑니다. 이런 이유로 딱다구리 종류는 둥지를 여러 곳에 마련

해 두고 삽니다. 집을 지을 수 있는 능력이 있기 때문일 것입니다. "다투느니 차라리 내가 또 짓지, 뭐?" 하는 태도인 것입니다.

하지만 동고비는 그럴 능력이 없습니다. 어떻게든 차지해야 합니다. 그래서 동고비가 사용하는 전략은 '귀찮게 하기'입니다. 하늘다람쥐는 딱다구리 둥지 안에 자신의 둥지를 또 마련합니다. 마른 풀로 공 모양을 만들고 그 안에 몸을 숨기고 있습니다. 둥지 안에 또 둥지가 있는 것이지요. 동고비는 그 마른 풀을 밖으로 끄집어냅니다. 딱다구리 둥지 안에 있는 하늘다람쥐의 보금자리를 망가뜨리는 작전입니다. 잠을 자고 있는데 조금씩 조금씩 천장이 사라지더니 하늘이 보이는 꼴이 됩니다. 그러다 보면 열 중에 둘 정도는 다른 곳으로 보금자리를 옮깁니다. 일단 동고비 승리입니다. 일단이라고 말한 것은 동고비가 차지한 순간 하늘다람쥐 때문에 포기했던 친구들이 우르르 몰려오기 때문입니다. 그래서 둥지를 완전히 차지하기까지의 실제 승률은 2보다 더 낮아지기도 합니다.

그렇다면 하늘다람쥐는 무적일까요? 그렇지 않습니다. 하늘다람쥐의 천적인 큰소쩍새가 근처에서 보이기 시작하면 이후로는 어둠이 내려도 하늘다람쥐가 고개를 내밀지 않습니다. 다른 곳으로 옮겼다는 뜻입니다. 그래서 하늘다람쥐는 둥지를 고를 때 큰소쩍새가 들어올 수 있을 만큼 입구가 큰 둥지는 잘 쓰지 않습니다.

하늘다람쥐가 가끔 소쩍새에게 둥지를 내줄 때도 있습니다. 소쩍새는 큰소쩍새와 달리 하늘다람쥐의 천적은 아닙니다. 큰소쩍새는 쥐와 하늘다람쥐를 주로 잡아먹고 살지만 소쩍새의 주식은 곤충이기 때문입니다. 소쩍새가 하늘다람쥐의 생명을 위협할 수 없다는 뜻입니다. 그렇더라도 하늘다람쥐가 큰소쩍새를 닮은 소쩍새를 불편해하는 것은 사실입니다. 하지만 소쩍새는 오직 번식만 할 뿐 번식이 끝나면 둥지를 떠납니다. 따라서 소쩍새에게 잠시 둥지를 내주었을 뿐 번식이 끝난 뒤 다시 하늘다람쥐가 차지할 때가 많습니다.

청설모

청설모는 일 년 내내 푸르른 소나무나 잣나무 숲에서 살아 예전에는 청서(靑鼠)라 불렸습니다. 청서의 털은 붓을 만드는 데 많이 쓰여 청서모(靑鼠毛)로 부르다가 발음의 편의상 청설모가 되었고, 현재는 아예 이름으로 쓰이고 있습니다. 청설모는 다람쥐와 여러 차이점이 있습니다. 우선 몸이 다람쥐보다 훨씬 큽니다. 몸길이만 두 배가 넘습니다. 다람쥐는 갈

청설모

색 얼룩무늬가 특징이지만 청설모는 전체적으로 어두운 회색이며 배는 흰색입니다. 둘 다 땅과 나무를 쉽게 오갈 수 있으나 다람쥐는 땅 위에서 보내는 시간이 길고, 청설모는 나무에서 보내는 시간이 깁니다. 다람쥐는 겨울잠을 자지만 청설모는 겨울잠을 자지 않습니다. 겨울에도 활동하기 때문에 겨울털은 여름털과 비교할 때 두 배 정도 길고 털의 수도 많습니다. 특히, 겨울에는 귀에 4센티미터 남짓의 길고 총총한 털이 자라 겉보기로도 여름털과 뚜렷한 차이를 보입니다.

청설모는 스스로 둥지를 지을 수 있습니다. 두툼한 나뭇가지들 사이에 가느다란 나뭇가지를 엮어 바구니 모양을 만든 다음 걸쳐놓는 식입니다. 아무래도 천적의 눈에 잘 띄고 더군다나 열린 구조여서 새끼를 키우는 과정이 위태위태한 것이 사실입니다. 그래서 몇 개의 집을 지어놓고 상황에 따라 새끼를 옮기는 경우가 많습니다. 그러다가 아주 좋은 곳이 눈에 띄면 곧바로 옮깁니다. 그렇습니다. 딱다구리 둥지입니다.

하지만 청설모는 덩치가 큽니다. 청설모를 받아줄 만한 둥지는 딱다구리 종류 중에서 가장 큰 까막딱다구리 둥지입니다. 더러 청딱다구리의 둥지 중 입구가 꽤 큰 것이 있으면 그도 마다하지는 않습니다. 그런데 좋은 둥지를 만났다 하여 끝이 아닙니다. 끝은 고사하고 시작조차 하지 않은 것일 수도 있습니다. 까막딱다구리 둥지치고 조용한 곳이 없기 때문입니다. 전쟁이 벌어지며, 그 전쟁에는 동고비도 참여합니다. 더군다나 동고비와 청설모는 번식 시기가 이른 봄으로 거의 겹칩니다. 동고비와 청설모 사이에서 다툼이 벌어질 때 그 결과는 쉽게 예상할 수 있을 것입니다. 덩치 차이가 나도 너무 납니다. 그렇다고 동고비는 쉽사리 물러서지도 않습니다. 무척 귀찮게 합니다. 청설모도 제 덩치만 믿다가는 낭패를 봅니다. 하지만 조금의 간절함만 있다면 동고비가 이길 수 없는 싸움인 것은 분명합니다.

숲속 작은 새들/ 기웃거리는 친구들

3월 중순의 따뜻한 봄날, 동고비가 딱다구리 둥지의 주인이 되어 입구까지 좁히고 나면 숲의 작은 새들이 기웃거리기 시작합니다. 단골손님은 박새, 쇠박새, 진박새, 곤줄박이입니다. 딱다구리 둥지 자체는 입구가

기웃거리는 친구들-
곤줄박이

기웃거리는 친구들-박새

기웃거리는 친구들-진박새

기웃거리는 친구들-흰눈썹황금새

너무 넓어 그다지 맘에 들지 않았는데 덩치가 큰 친구들은 드나들 수 없도록 동고비가 입구를 확 좁혀 놓았으니 얼마나 탐이 나겠습니까. 하지만 세상에 공짜는 없습니다. 기웃거리는 것으로는 무엇을 차지하기 어렵습니다. 기웃거림에서 그친다는 것은 간절함이 작다는 뜻이기도 합니다. 그래서 저들이 딱다구리 둥지의 주인이 될 가능성은 무척 낮습니다. 그렇더라도 포기하지 않고 기웃거리는 것이 아무것도 하지 않고 가만히 있는 것보다는 낫습니다.

번식을 치르고 난 이후로 또 다른 누군가 쓰지 않는 채로 방치된 곳을 만날 수 있습니다. 둥지가 비지 않고 누군가 이어서 쓰더라도 틈이 있는 것인데, 그 틈을 제대로 만날 수도 있습니다. 실제 이런 식으로 번식을 잘 치른 박새 한 쌍과 곤줄박이 두 쌍을 만난 경험이 있습니다. 이런 면에서 동고비는 마음가짐 자체가 다릅니다. 기웃거리는 친구들은 빈 곳이 있으면 "감사합니다~~" 하면서 쓰겠다는 수준이지만, 동고비는 진흙으로 메워 끝내 차지하겠다는 생각으로 임하는 것이니까요. 기본자세가 다릅니다. 나아가 경쟁자가 나타나면 끝까지 싸워보겠다는, 전쟁도 불사한다는 다짐마저 단단히 갖추고, 실제로 그 길을 뚜벅뚜벅 걷는 친구입니다.

벌

"벌? 딱다구리 둥지와 벌이 무슨 관련이 있지?" 싶을 것입니다. 없어 보이지만 꽤 깊습니다. 벌은 다양한 장소에 집을 짓습니다. 땅속, 돌 틈, 처마 밑……. 그런데 나무에 집을 짓는 빈도 또한 높습니다. 나무에 짓는 경우 나뭇가지에 공처럼 매달리는 구조가 가장 많습니다. 자연에 그대로 노출될 수밖에 없습니다. 비바람, 폭우, 불볕더위, 추위, 비바람, 눈보라, 폭설과 같은 거친 상황을 고스란히 감당해야 합니다. 이런 어려움 때문에 벌 종류 또한 자연 수동을 거처로 삼기를 좋아합니다. 수동은 오래된 나무에 자연적으로 생긴 공간입니다. 하지만 숲에 오래된 나무가 많지 않다고 했습니다. 느낌이 아니라 현실입니다. 자연 수동은 귀하기 마련입니다. 벌 또한 자연 수동을 대신하는 곳이 있습니다. 그렇습니다. 딱다구리 둥지입니다.

생명체가 살아가는 공간의 측면에서 볼 때 딱다구리 둥지는 자연 수동보다 몇 가지 장점을 갖추고 있습니다. 공간의 규모에 비해 입구가 퍽 좁다는 점입니다. 일반적으로 자연 수동의 내부 공간이 일정 규모를 갖추고 있다면 입구가 엄청 넓기 마련입니다. 자연 수동의 입구 크기는 줄기에 붙어 있다 떨어져 나간 가지의 단면 크기이기 때문입니다. 입구가 넓다는 것은 다른 누가 드나들기 쉽다는 뜻입니다. 벌이라 하여 천적이 없을 리 없지요. 벌집의 꿀을 노리는 동물이 많습니다. 너구리, 오소리, 담비, 곰…… 모두 덩치가 큽니다. 담비는 특히 벌꿀을 좋아합니다. 나무도 잘 탑니다. 담비가 나무에 올라 수동에 앞발을 쭉 뻗어 넣어 꿀을 꺼내 먹는 것을 직접 보기도 했습니다. 이런 이유로 입구가 넓은 수동은 내부 공간이 아무리 좋아도 집을 잘 만들지 않습니다. 결국, 벌이 나무에 집을 지을 때는 입구가 작거나 좁은 수동, 또는 딱다구리 둥지를 선택하는 것입니다. 아무리 나무 속 벌집의 꿀을 탐내는 동물이라도 앞발을 입구에 넣고 뻗어 닿을 수 있는 곳 너머까지는 어쩔 수 없기 때문입니다.

벌이 자연 수동이나 딱다구리 둥지에 보금자리를 지을 때 중요하게 꼽는 것이 있습니다. 입구의 방향입니다. 추운 겨울을 잘 넘겨야 하기에 남쪽을 향한 것이 대부분입니다. 딱다구리 둥지 입구는 주로 동쪽, 남쪽, 서쪽을 향하는데 벌은 그중에서도 남쪽을 고른다는 것이 흥미롭습니다. 또한 벌은 습한 곳을 좋아하지 않습니다. 버섯이 많이 피어날 만큼 눅눅한 숲에는 벌이 거의 없는 이유입니다. 그렇다고 물이 아예 없어서는 살지 못합니다. 산의 경우 졸졸졸 흐르는 수준일지라도 멀지 않는 곳에 1년 내내 마르지 않는 작은 계곡이 있으면 좋습니다. 통풍도 중요합니다. 바람이 잘 지나는 곳을 좋아합니다. 무엇이라도 쉽사리 드나들 틈도 없이 빽빽한 숲은 좋아하지 않습니다. 이러한 조건은 딱다구리가 둥지 지을 나무를 고를

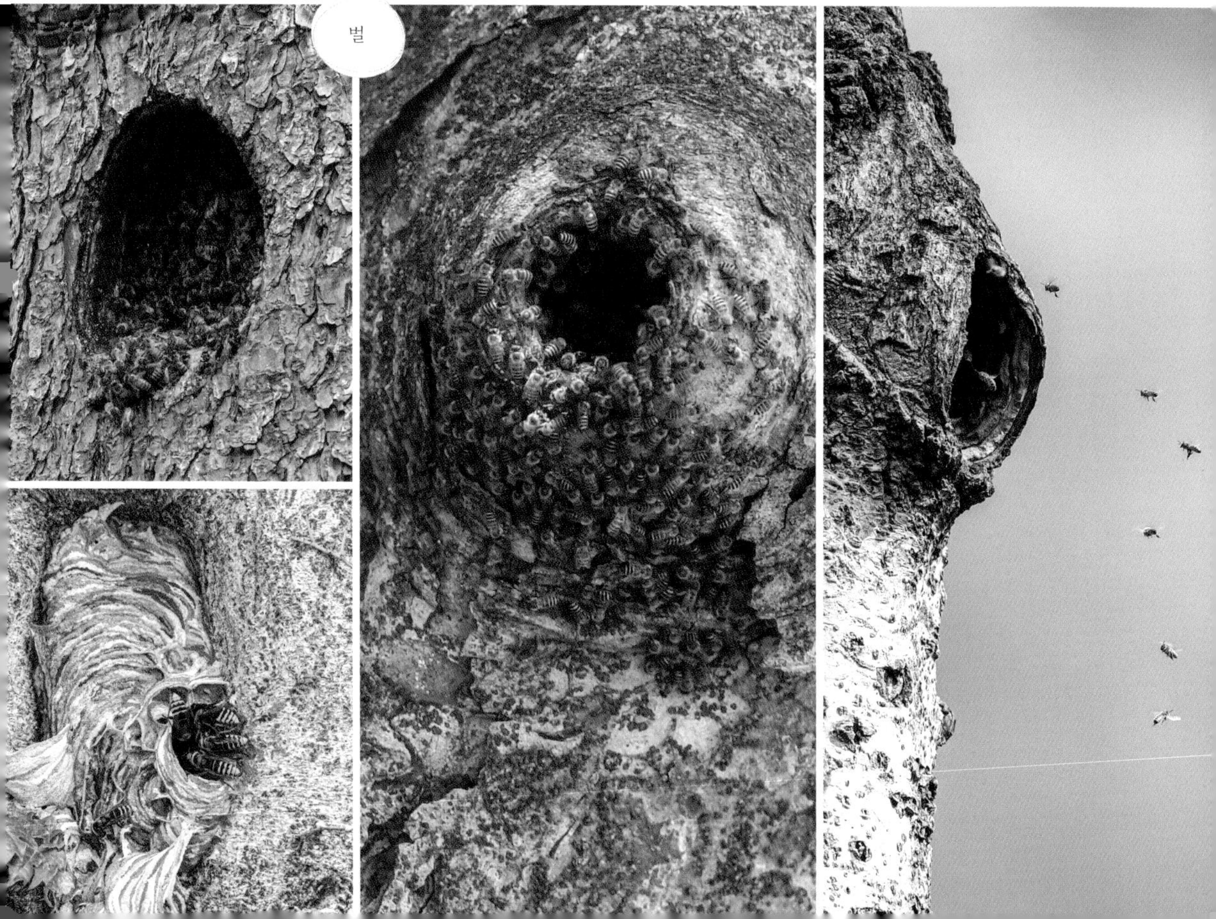

때의 조건과 거의 같습니다. 따라서 딱다구리 둥지가 벌의 보금자리로 바뀌는 경우가 많은 것입니다.

벌은 꿀을 만들고, 만든 꿀을 먹으며 살아갑니다. 꿀의 원료는 꽃입니다. 그래서 꽃을 꿀의 원료, 밀원(蜜源)이라 부릅니다. 꽃이 필 무렵이면 벌과 관련하여 가장 중요한 일이 벌어집니다. 여왕벌의 독립입니다. 분봉(分蜂)이라고 하며, 정확히는 새 여왕벌이 여왕의 자리에 오르기 전에 원래의 여왕벌이 일벌 일부와 함께 집에서 나와 다른 집을 만드는 행동을 말합니다. 벌이 분봉하여 딱다구리 둥지를 차지하는 시기는 동고비가 딱다구리 둥지에 둥지를 마련하는 시간과 겹칩니다. 결국, 경쟁할 수밖에 없습니다. 경쟁의 결과는 거의 벌의 승리로 끝납니다. 어쩔 수 없습니다. 동고비가 마음을 둔 둥지에, 더군다나 동고비가 입구를 완전히 좁히기 전에 여왕벌 하나가 날아들면 동고비도 포기해야 합니다. 금세 수천, 수만 마리의 벌이 모여들어 공간을 다 채우기 때문입니다. 누구도 이 기운을 이기기 어렵습니다. 동고비로서는 그런 일이 그저 일어나지 않기만을 바라는 것 말고는 달리 길이 없어 보입니다.

소쩍새

밤을 새워 "솟쩍, 솟쩍", "솟적다, 솟적다" 울어대는 소쩍새는 4월 초순에 우리나라에 와서 번식을 하고 가을에 떠나는 여름철새입니다. 예로부터 "솟쩍" 하고 울면 솥에 금이 쩍 갈 정도로 흉년이 들고, "솟적다"

라고 울면 '솥이 작으니 큰 솥을 준비하라'는 뜻으로 풍년이 온다는 이야기가 전해 내려옵니다. 하지만 하룻밤에도 "솟쩍, 솟쩍", "솟적다, 솟적다"를 섞어 우니 그리 믿음이 가는 이야기는 아닙니다. 몸길이는 20센티미터 정도로 동고비보다 약간 크며, 체형은 둥글둥글한 편입니다. 올빼미목의 맹금류로 구분하지만 크기가 작고 먹이 또한 곤충이어서 실제는 맹금류로 보기 어려운 친구입니다.

소쩍새가 아무리 번식 일정을 서둔다 해도 3월 초부터 부지런하게 움직이는 동고비와는 적어도 한 달의 시차가 발생합니다. 4월 초에 이르면, 동고비 둥지의 입구는 완전히 좁아져 있고 진흙도 완전히 말라 돌처럼 딱딱하게 굳은 상태가 됩니다. 소쩍새가 감히 넘볼 수 없는 모양새인 것이지요.

하지만 모든 동고비가 3월 초에 딱다구리의 빈 둥지를 만나는 것은 아닙니다. 짝을 늦게 만나거나, 번식 도중 실패하여 다른 둥지에서 다시 시작하는 쌍도 있습니다. 이럴 경우 소쩍새는 강력한 경쟁자가 됩니다. 좋아하는 둥지 또한 오색딱다구리, 큰오색딱다구리, 청딱다구리로 동고비와 소쩍새가 같습니다. 게다가 소쩍새는 하늘다람쥐처럼 야행성이어서 낮에는 주로 둥지에서 꿈쩍도 하지 않고 버티기 때문에 동고비가 어찌하기 쉽지 않습니다. 문제는 소쩍새가 낮에 둥지 안에 있지 않고 밖에 있더라도 사정이 크게 다르지 않다는 점입니다. 밖에 있어도 둥지에서 멀리 가지 않기 때문입니다. 둥지의 동태를 잘 살필 수 있는 곳 중 자신이 잘 드러나지 않는 곳에 주로 앉아 있습니다. 눈을 완전히 감고 있는 것으로 보일 때가 많지만 다 감고 있는 것은 아닙니다. 실눈 정도는 뜨고 있

소쩍새

는 것이 분명합니다. 누구라도 둥지에 얼씬거리면 바로 공격하는 것을 보면 그렇습니다.

우리가 야행성 동물에 대해 조금 잘못 알고 있는 것이 있습니다. 야행성이라 하여 낮에 아무런 활동도 하지 않는 것은 아닙니다. 밤 수준은 아니더라도 필요에 따라서는 주행성 동물들 정도의 활동도 할 수 있습니다. 이런저런 이유로 동고비가 번식 일정의 때를 놓치면, 다시 말해 3월 초에 번식 일정을 시작하지 못하면 이후로는 점점 더 힘들어지기 마련입니다. 소쩍새 외에도 딱다구리의 둥지를 노리는 여름철새들이 줄지어 몰려오기 때문입니다. 동고비도 이를 모를 리 없습니다. 동고비뿐만 아닙니다. 그래서 다른 텃새들도 번식을 일찍 서두르는 경향이 있습니다. 문제는 아무리 서둘러 앞당긴다 해도 겨울에 번식할 수는 없다는 한계가 버티고 있다는 것입니다. 쉽지 않습니다.

찌르레기

찌르레기는 몸길이 약 24센티미터의 여름철새로 무리를 지어 다니는 습성이 있습니다. 여름철새는 봄에 우리나라에 와서 여름을 지나며 번식하고 가을이면 떠나는 새를 말합니다. 그런데 여름철새 중에서 가을에 떠나지 않고 눌러앉아 겨울도 나며 아예 텃새로 변신하는 개체가 늘어나는 추세입니다. 찌르레기가 그런 종 중 하나입니다. 보통 4월에 번식을 시작했으나 번식 일정의 개시 또한 점점 빨라지고 있습니다.

딱다구리의 둥지가 엄청 많은 숲이 더러 있습니다. 나무마다 딱다구리가 뚫은 구멍이 있는 숲도 만난 적이 있습니다. 딱다구리 둥지가 많은 숲은 대체로 이렇습니다. 오래된 숲이라서 굵은 나무가 많습니다. 나무는 곁가지가 많지 않아 두꺼운 줄기가 시원스럽게 뻗어 있습니다. 다양한 수종이 섞여 있는 혼효림이기보다는 단일 수종일 경우가 많습니다. 나무와 나무 사이의 거리가 넉넉합니다. 하부 식생도 빽빽하지 않아 막힘이 별로 없습니다. 결과적으로 바람이 너무 빠르지도 너무 느리지도 않게 알맞게 지나다닙니다. 눅눅할 정도로 습하지는 않습니다. 그렇다고 너무 메마르지도 않습니다. 곁으로 작은 계곡이나 물줄기 하나는 품고 있을 때가 많습니다. 대체로 경사가 급하지 않고 편평한 편입니다. 현재 우리나라에 있는 알맞은 규모의 독립된 소나무 숲, 느티나무 숲, 은사시나무 숲이 그런 경우가 많습니다.

어쩔 수 없이 보금자리를 만드는 시작은 딱다구리가 합니다. 이 나무 저 나무에 딱다구리들이 둥지를 짓습니다. 딱다구리는 나무속을 파내서 만든 둥지에서 번식합니다. 잠도 나무속 둥지에서만 잡니다. 잠을 자는 용도로만 짓는 둥지는 얕게 팝니다. 몸 하나 들어가 웅크리면 되기 때문입니다. 열심히 만들 때 5일 정도면 완성합니다. 번식을 치르는 둥지는 새끼 여러 마리를 키워야 해서 넓은 공간이 필요합니다. 번식 둥지를 짓는 데는 3주 남짓의 오랜 시간이 걸립니다.

번식이 끝나 어린 새가 둥지를 떠나면 번식을 치른 둥지는 잠을 자는 둥지로 활용합니다. 번식 중에는 암수가 교대로 둥지를 지키기 때문에 암수가 교대의 약속을 잘 지키기만 한다면 둥지를 빼앗기는 일은 없습니다. 하지만 번식이 끝나면 암수가 각자의 둥지에서 따로 생활하기 때문에 둥지를 온전히 지키기 어렵습니다. 잠을 자는 둥지든 번식 둥지든 비어 있을 때 누가 들어와 버티면 빼앗기는 셈입니다. 앞서 딱다구리는 잠도 나무속 둥지에서만 잔다고 했습니다. 그러니 잠을 자는 둥지를 하나만 갖고 있다면 낭패를 볼 수 있습니다. 잠을 잘 곳이 사라진 꼴이니까요. 따라서 딱다구리는 둥지를 여럿 확보하고 있습니다. 적어도 세 개는 가지고 있는 것으로 보입니다. 세 개를 가지고 있다고 치겠습니다.

그러다 하나를 누구에게 빼앗깁니다. 둥지를 하나 더 짓습니다. 그러다 또 하나를 빼앗겨 어쩔 수 없이 하나를 더 마련합니다. 어느 한 종의 딱다구리가 집을 짓기 좋은 숲이라면 다른 종의 딱다구리도 집을 짓기 좋은 숲이라는 뜻입니다. 일정 공간을 두고 같은 종끼리는 심하게 경쟁해도 다른 종에게는 너그러운 편입니다. 마침내 우리나라의 딱다구리 전체 종이 모두 들어와 집을 짓기 시작합니다. 이후로도 짓고, 빼앗기고, 또 짓고, 또 빼앗기고 다시 짓는 일이 반복되면 나무마다 딱다구리 둥지가 생기는 일이 벌어지는 것입니다. 그사이에 동고비 한 쌍이 차지할 둥지 하나 정도는 생기기 마련이고요. 하지만 일정 시간이 흐르면 둥지의 주인인 딱다구리는 물론 동고비도 숲에서 쫓겨나게 됩니다. 집단 번식을 하는 친구, 찌르레기 무리가 숲에 들어온 탓입니다.

집에서 멀지 않은 곳에 멋진 숲 하나가 있습니다. 계절 따라 좋은 풍광이 드러나고 새도 많아 자주 갑니다. 작은 마을의 입구를 지키고 있는 느티나무 숲으로, 한쪽으로는 아담한 크기의 물줄기도 품고 있습니다. 숲에는 딱다구리 둥지 열다섯 개, 자연 수동 세 개, 가지가 부러지며

찌르레기

생긴 틈새 두 개가 있습니다. 새가 번식을 할 수 있는 공간이 모두 20곳이라는 뜻입니다. 이른 봄입니다. 찌르레기 30쌍 60마리가 숲에 들어와 둥지를 차지하기 위한 다툼이 벌어집니다. 쪼고 할퀴고 무척 거칩니다. 공중에서 서로 움켜잡은 채 엉켜서 빙빙 돌거나 같이 땅으로 떨어지기도 합니다. 그러는 사이 둥지의 주인은 수시로 바뀝니다.

둥지 또한 선호도에 순위가 있습니다. 자연 수동과 딱다구리 둥지가 있을 때 딱다구리 둥지가 우선입니다. 따라서 딱다구리 둥지를 두고 경쟁이 가장 심합니다. 자연 수동이 우선순위에서 밀리는 것은 대체로 입구가 넓어 천적 방어에 불리하기 때문입니다. 틈이 있고 내부에 공간만 있다면 번식 공간으로 활용됩니다. 결과적으로 둥지 선호도는 1순위 딱다구리 둥지, 2순위 자연 수동, 3순위 줄기나 가지가 부러지며 생긴 틈새가 됩니다. 곧, 경쟁 강도의 순위이기도 합니다.

정말 피 터지게 다투는 중에도 특별한 일이 벌어집니다. 숲에 다른 생명체가 들어오면 60마리 모두가 함께 덤벼드는 것입니다. 아무리 덩치 큰 새들도 바로 꽁무니를 빼고 맙니다. 새의 대표적인 천적인 뱀이 제아무리 소리 없이 접근해도 금세 들통이 납니다. 눈이 120개인 까닭입니다. 누군가의 눈에는 드러나게 됩니다. 외부의 침입을 막고 나면 동지는 바로 경쟁자가 되어 다시 격하게 다툽니다. 결국 열 쌍은 밀려나야 하는 다툼이기 때문에 치열하고 때로 처절합니다. 딱다구리나 동고비 한 쌍이 사나운 찌르레기 60마리를 당할 수는 없습니다. 찌르레기가 입성하여 집단 번식을 시작하면 둥지를 품은 나무가 거친 바람에 다 쓰러질 때까지 숲에서 번식할 수 있는 모든 공간을 차지하기 십상입니다. 오랜 시간이 지나 거친 바람에 손상되어 둥지가 몇 개 남지 않아 찌르레기의 집단 번식도 막을 내린 이후는 다시 동고비 차지가 될 수 있습니다. 그러려면 약 10년이 걸립니다. 강산이 한 번은 바뀌는 시간입니다.

원앙

원앙은 오리과의 새로 처음에는 수컷을 원(鴛), 암컷을 앙(鴦)이라 불렀으나 둘이 합쳐져 하나의 이름이 되었다고 합니다. 우리나라의 원앙은 두 부류입니다. 텃새로 사는 무리가 있고, 겨울철새로 사는 무리가 있습니다. 따라서 계절에 따라 개체수 변화가 큽니다. 가을이면 겨울철새들이 오기 때문에 숫자가 확 늘어나고 봄이면 다시 줄어듭니다. 겨울철새들은 이름 그대로 겨울을 넘기고 우리나라를 떠나지만 텃새로 사는 개체들은 우리나라에 내내 살며 번식도 합니다. 문화적 가치와 아름다움으로 인해 천연기념물로 지정하여 보호하고 있습니다.

오리 종류는 대개 물가 수풀에서 둥지를 짓고 번식을 합니다. 그런데 특별하게도 수동에서 번식하는 종이 있습니다. 원앙과 호사비오리가 그들입니다. 호사비오리는 우리나라에서 번식하지 않으니 원앙 이야기만 하겠습니다.

봄에 이르면 원앙은 수동을 물색하기 시작합니다. 가장 먼저 찾는 곳은 하천 가장자리에 있는 수동입니다. 나중에 어린 새가 부화하면 둥지를 떠나 물로 가야 할 때 접근성이 좋기 때문입니다. 문제는 수동의 규

모입니다. 원앙 크기의 새가 들어가 알을 낳고 품을 정도의 수동이라면 꽤 넓어야 합니다. 그만한 수동을 품으려면 나무 또한 수백 년의 나이가 들어야 하고요. 그런데 하천관리법에 의해 하천 가장자리에는 나무를 심지 못합니다. 자연적으로 자리 잡은 나무는 수백 년에 이르도록 하천 가장자리에 있기 어렵습니다.

원앙은 할 수 없이 숲으로 향합니다. 계곡 또는 저수지를 품거나 적어도 그런 곳에서 가까운 곳이면 훌륭합니다. 하지만 숲이라 하여 사정이 다르지 않습니다. 마음에 드는 자연 수동을 찾는 것은 하늘의 별 따기와 다르지 않습니다. 그러다 눈이 번쩍 뜨이는 무엇을 보았을 것입니다. 딱다구리 둥지이겠지요. 그런데 대부분 입구가 너무 좁아서 들어갈 수가 없습니다. 그나마 넓다고 청딱다구리의 둥지에 들어가려는 원앙도 많이 보았습니다. 목은 넣었으나 몸이 들어가지 않아 공중에서 허우적거리는 모습이었습니다. 우습지만 웃을 수 없는 장면이지요. 들어갈 수 있는 딱다구리 둥지는 오직 하나, 까막딱다구리 둥지뿐입니다. 어렵사리 까막딱다구리 둥지를 찾았다 치겠습니다. 그래도 여전히 문제가 남습니다. 입구가 웬만히 크고 내부 공간은 널찍한 까막딱다구리 둥지를 원앙만 찾아내는 것이 아니라는 점입니다. 몸집이 크거나 강심장을 가진 숲의 생명들은 거의 다 까막딱다구리 둥지로 모여들기에 전쟁이 벌어진다고 보면 됩니다. 원앙, 큰소쩍새, 청설모, 파랑새, 호반새……. 그중 아주 몸집이 작은 친구도 합세합니다. 그렇습니다, 동고비입니다.

큰소쩍새

큰소쩍새는 이름에서 알 수 있듯 소쩍새와 비슷하나 조금 큽니다. 소쩍새의 몸길이는 약 20센티미터, 큰소쩍새는 약 25센티미터입니다. 소쩍새는 맹금류로 분류하지만 실제 삶은 맹금류에서 조금 벗어납니다. 곤충을 먹고 살며 어린 새도 곤충을 먹여 키우기 때문입니다.

큰소쩍새는 소쩍새보다 5센티미터 정도가 클 뿐이지만 딴판입니다. 완전히 다른 세상을 삽니다. 주요 먹이가 쥐와 하늘다람쥐입니다. 맹금류라 부르기에 부족함이 없습니다. 다람쥐는 낮에 움직여 큰소쩍새의 먹잇감이 되는 것을 피합니다. 어린 새 또한 거의 쥐를 먹여 키웁니다. 하늘다람쥐도 가끔씩 잡아옵니다. 올빼미과의 큰소쩍새는 완전한 육식성 조류인 것입니다. 설치류뿐만 아니라 양서류와 파충류 또한 육식성 조류의 중요한 먹이입니다. 그런데 이들은 환경오염에 취약한 데다 서식지 파괴와 인간에 의한 남획 등으로 근래 생존이 크게 위협을 받고 있습니다. 이러한 위협은 결국 올빼미과 조류의 번식력을 떨어뜨리는 결정적인 요인으로 작용하고 있고요. 이러한 이유로 우리나라에서는 올빼미 종류를 천연기념물과 멸종위기종으로 지정하여 보호하고 있습니다.

소쩍새와 큰소쩍새는 크기 말고도 다른 점이 몇 가지 더 있습니다. 소쩍새는 눈이 노란색이고 큰소쩍새는 주황색입니다. 소쩍새는 여름철새입니다. 큰소쩍새는 원앙처럼 두 부류가 있습니다. 텃새로 사는 무리가 있고, 겨울철새로 사는 무리가 있습니다. 따라서 계절에 따라 개체수의 변화가 발생합니다. 가을에서 봄이 오기까지 숫자가 늘어났다가 봄에 접어들면 다시 줄어듭니다. 겨울철새로 우리나라를 찾은 개체들은 말 그대로 겨울을 넘기고 우리나라를 떠납니다. 물론 텃새로 사는 개체들은 우리나라에서 내내 살며 번식도 합니다.

큰소쩍새

큰소쩍새의 번식 장소 역시 수동입니다. 몸 크기도 그렇고 원앙과 처지가 비슷합니다. 차이가 있다면 저수지나 계곡이 가까이 있지 않아도 상관없다는 정도입니다. 어찌 되었든 수동을 만나기 어려운 처지인 것은 같습니다. 그러니 까막딱다구리 둥지를 만나면 어떨까요? 횡재가 따로 없겠지요. 둥지 측면에서 볼 때 큰소쩍새와 원앙은 기본적으로 다른 점이 있습니다. 원앙은 까막딱다구리 둥지를 만나도 차지할 확률이 아주 높지 않습니다. 알을 낳아 품는 특성을 비롯한 고유 습성 때문입니다. 새는 하루에 하나씩 알을 낳습니다. 원앙도 다르지 않습니다. 하루에 하나의 알을 낳습니다. 문제는 원앙의 경우 알을 많이 낳는다는 점입니다. 적어도 열 개의 알을 낳습니다. 열흘이 걸린다는 뜻입니다.

알을 품는 것은 알을 모두 낳은 뒤 한다 치더라도 알을 낳는 동안에도 둥지를 비우지 않고 알을 지킨다면 문제 될 것은 없습니다. 하지만 원앙은 알을 낳는 동안에는 알만 낳고 둥지를 비웁니다. 지키지 않는다는 뜻입니다. 물론 알을 다 낳고 암컷이 알을 품기 시작하면 비록 암컷 홀로이지만 둥지를 24시간 중 한 시간만 비우며 완벽할 정도로 지키기는 합니다. 누구도 빼앗기 어렵습니다. 하지만 알을 낳기만 하고 비우는 그 열흘의 시간에 누군가 들어와 버티면 빼앗깁니다. 큰소쩍새는 이런 점에서 월등한 우위에 있습니다. 야행성이라는 점이 한몫을 합니다. 비어 있는 둥지를 만나기만 한다면 낮에는 꿈쩍도 하지 않고 버티는 것을 따를 자가 없는 것입니다. 그러다 다들 자는 밤에 움직이면 되니 승률이 엄청 높을 수밖에 없습니다. 까막딱다구리 둥지를 탐하는 친구들은 큰소쩍새 개체수가 많지 않다는 것에 그저 감사해야 할 것입니다.

파랑새

동고비가 번식 일정을 일찍 시작하는 것에는 이유가 있어 보입니다. 일찍 시작하는 것의 장점이라고 해도 좋겠습니다. 딱다구리 둥지를 두고 경쟁을 피하거나 최소로 할 수 있다는 점입니다. 텃새끼리도 그렇지만 적어도 여름철새와 충돌하는 것은 피하고 싶을 것입니다. 사실 텃새와의 경쟁이나 전쟁도 만만치 않으니까요. 게다가 여름철새들까지 감당해야 하는 것은 너무 과합니다. 그리고 그렇게 정말 잘해왔습니다. 손뼉을 쳐주고 싶은 마음입니다. 부지런함의 승리니까요. 그런데 동고비의 부지런함도 넘어서기 힘겨운 벽이 생기고 있습니다. 기후변화입니다.

기후변화로 여름철새들이 우리나라에 점점 일찍 오고 있습니다. 일찍 오니 번식도 일찍 시작합니다. 심지어 여름철새들이 가을에 우리나라를 떠나지 않고 남는 사례도 늘어나고 있습니다. 먼 거리 이동 없이 바로 봄을 맞는다는 뜻입니다. 몇 해 전 깜짝 놀란 적이 있습니다. 호랑지빠귀는 여름철새를 대표하는 종으로 보통 4월 중순에 우리나라에 옵니다. 5월 중순에 번식을 시작하고 여름을 지나며 어린 새들을 키우다 가을이면 떠나서 보이지 않던 새였습니다. 그런데 겨울에 호랑지빠귀를 만난 일이 벌어진 것입니다. 추워서 그런지 여름처럼 잘 날지는 못했지만 나름 건강해 보였습니다. 그해 겨울, 여러 번 여러 마리가 보였습니다. 거기까지는 그럴 수 있다 치겠습니다. 그런데 다음 해 봄에 상상하지 못했던, 지금까지 본 적이 없었던 일이 벌어지고 말았습니다.

5월 초에 둥지를 떠나 깡충깡충 뛰어다니는 호랑지빠귀 어린 새를 만난 것입니다. 눈을 의심했습니다. "내가 잘 못 보았나? 내가 잘 못 본 것이겠지……." 아닙니다. 제대로 본 것입니다. 이제 막 둥지를 짓고 짝짓기를 하며 번식을 시작할 시기에 벌써 어린 새가 커서 둥지를 떠난 것이 분명했던 것입니다. 처음 봐서 낯설어서 그렇지, 지난겨울 호랑지빠귀 여러 마리가 겨울을 넘겼으니 분명 가능한 일입니다. 가능한 일을 넘어 자연스러운 일이기도 했습니다. 주변을 찬찬히, 샅샅이 살펴보았습니다. 놀랍지만 사실이었습니다. 벌써 이소가 진행 중인 둥지가 보였습니다. 가장 먼저 둥지를 떠난 어린 새를 만난 것이었고, 이어서 둥지에 남은 어린 새 네 마리가 모두 둥지를 떠나는 것을 직접 확인할 수 있었습니다.

우리나라에서 월동까지 한 여름철새가 굳이 번식을 늦게 할 이유가 없습니다. 그래서 예전에는 동고비의 경쟁 대상이 아니었으나 그 대상의 목록에 오르는 친구들이 늘어나고 있습니다. 기후변화로 지금까지는 없었던, 불필요한 경쟁이 늘어나는 셈입니다. 그 목록에 파랑새도 추가해야 하겠습니다. 파랑새는 몸길이 약 30센티미터의 여름철새로 이름에서 알 수 있듯 전반적으로 파란색이 강합니다. 머리와 꽁지는 검은색이고, 부리와 다리는 주황색입니다. 첫째날개깃 중앙에 코발트색 무늬가 있어 날개를 펼치면 도드라지는데 이 무늬가 파랑새의 특징입니다. 까치집, 자연 수동, 딱다구리 둥지에서 번식합니다. 동고비를 생각하면 걱정입니다. 파랑새는 무척 시끄럽고 사납기까지 하거든요.

파랑새

호반새

기후온난화로 여름철새의 도래 시기가 점점 빨라지고 있다고 했습니다. 텃새들이 여름철새와 충돌하는 것을 피하려면 번식 일정을 더 일찍 시작하는 방법이 있습니다. 하지만 지금도 2월 말이나 3월 초에 번식을 시작하는 종이 있는데 거기서 더 앞당기면 겨울입니다. 번식 일정을 성공적으로 치르려면 어린 새들을 키울 먹이를 제대로 구할 수 있어야 합니다. 이것이 번식 일정을 추운 겨울로 마냥 앞당길 수 없는 이유입니다.

새가 새끼를 키우기 위해 잡아오는 먹이는 주로 곤충의 애벌레나 성충, 토양 생물, 어류, 양서류, 파충류입니다. 동고비는 곤충의 애벌레와 성충이 주요 먹이입니다. 그 어느 것도 겨울에는 구할 수 없거나 구하기 어려운 것들입니다. 문제입니다. 텃새는 번식 일정을 더 당길 수 없는데 여름철새들은 점점 빨라지고 있다는 것이 말이지요. 앞으로 동고비를 비롯한 텃새와 여름철새들과의 충돌은 어쩔 수 없이 더 심해질 것으로 보입니다.

"꾜르르르르, 꾜르르르르, 꾜르르르르~~" 여름철새 호반새가 '나 이제 왔어요!' 하며 자신을 존재를 세상에 알리는 소리를 냅니다. 호반새는 물총새과의 새로 몸 전체가 주황색으로 독특하며, 허리에 푸른색 줄이 있습니다. 몸길이는 약 27센티미터인데 두툼한 부리 길이만 7센티미터입니다. 단단하고 길쭉한 부리로 환형동물, 절지동물, 갑각류를 비롯한 무척추동물은 말할 것도 없고, 어류, 양서류, 파충류, 작은 포유류를 비롯한 척추동물에 이르기까지 못 잡는 것이 없습니다.

호반새

지난해, 지금과 같은 장소에서 처음 소리를 들은 날을 기억합니다. 지난해도 빨랐는데 올해는 열흘이나 더 빨라졌습니다. 호반새는 오래되어 썩어가는 나무줄기를 큼직한 부리로 파내 스스로 만든 수동 또는 딱다구리 둥지에서 번식합니다. 그런데 우리 숲에서 오래되어 썩어가는 아름드리나무를 만나기 쉽지 않습니다. 그래서 호반새 대부분이 딱다구리 둥지에서 번식합니다. 아, 정말 어렵습니다. 우리 숲의 현실이 말이지요. 그리고 동고비, 어찌해야 하나요?

둥지 전쟁

지금 동고비 둥지, 곧 딱다구리 둥지에서 벌어지는 다툼과 전쟁에 대한 이야기를 하고 있습니다. 그런데 동고비와 경쟁 또는 전쟁을 벌이는 개체들을 하나씩 소개하기에도 시간이 제법 걸렸습니다. 그러다 보니 딱다구리 둥지의 주인이 되는 것은 마치 '형님 먼저, 아우 먼저' 하는 식의 아름다운 이야기로 비칠 수도 있겠다 싶습니다. 다툼과 전쟁이 아름다울 리 없습니다. 이제부터는 그 구체적으로 이야기를 소개합니다.

딱다구리는 나무에 구멍을 뚫어 몸 하나 간신히 드나들 크기의 입구를 연 다음 아래쪽으로 파 내려가 둥지를 짓습니다. 잠자리 전용 둥지의 내부는 좁지만 번식 둥지는 꽤 넓은 편이며, 번식이 끝난 둥지는 잠을 자는 둥지로 용도 변경이 일어납니다. 어떤 둥지든 딱다구리의 둥지는 이끼나 풀로 엮은 다른 새들의 둥지와 달리 몇 가지 장점이 있습니다.

폭우가 쏟아져도 걱정이 없습니다. 비바람과 눈보라가 몰아쳐도 딴 세상 이야기입니다. 추운 날에는 훈훈하고 더운 날에는 선선합니다. 이에 그치지 않습니다. 딱다구리의 둥지는 누구도 넘볼 수 없는 요새입니다. 고개만 내밀고 방어하면 되니 말입니다. 그야말로 완벽한 둥지의 조건을 두루 갖춘 셈입니다. 그러니 나무를 파서 둥지를 지을 능력이 없는 숲의 뭇 생명이 딱다구리의 호화주택을 선망의 대상으로 삼을 만한 이유는 충분합니다.

그런데 이 대목에서 문제가 생깁니다. 딱다구리의 둥지를 부러움의 대상을 지나 아예 자신의 것으로 삼으려는 친구들이 많다는 것입니다. 그래서 딱다구리의 숲에서는 지키려는 쪽과 빼앗으려는 쪽 사이의 다툼이 끊임없이 이어집니다. 특히, 번식의 계절에는 다툼의 수준을 넘어 전쟁이 벌어집니다.

우리의 눈이 닿지 못했을 뿐, 숲에서는 둥지 다툼과 둥지 전쟁이 자주 일어납니다. 뺏고 빼앗기는 것은 말할 것도 없거니와 먹고 먹히는 것마저 모두 자연의 섭리 안에 있는 것은 틀림없습니다. 하지만 우리의 숲에 좋은 나무가 부족하여 이러한 다툼이 다툼을 넘어 전쟁이 되고, 그 전쟁의 수준마저 점점 처절해진다면 문제는 다릅니다. 오랜 노력에 힘입어 우리의 숲이 예전보다 울창해진 것은 사실입니다. 그러나 그 속내까지 건강하지는 않습니다. 그 아픈 현실에 대한 이야기이기도 합니다. 세 가지 사례를 들어 소개하겠습니다.

둥지 전쟁 1 은사시나무 둥지

까막딱다구리 한 쌍이 은사시나무에 멋진 번식 둥지를 지었습니다. 첫해에 암수는 네 마리의 어린 새를 건강하게 잘 키웠습니다. 암컷 두 마리, 수컷 두 마리였습니다. 어린 새들이 둥지를 떠난 뒤 암컷도 숲을 떠났지만 수컷은 숲에 남아 둥지를 지켰습니다. 특별히 무엇을 한 것은 아닙니다. 밤에 와서 잤고, 아침이면 둥지를 떠났습니다. 낮에도 형편에 따라 한두 번씩 들르기도 했습니다. 그리고 해가 바뀌어 다시 번식의 시간이 돌아왔습니다.

수컷은 두 가지를 해야 합니다. 둥지를 청소하고 단장하는 일입니다. 그리고 암컷을 숲으로 모셔오는 일입니다. 수컷은 여전히 밤에 둥지에서 잠을 자고 아침이면 먹이활동에 나섭니다. 물론 낮에도 가끔 숲에 들어와 둥지를 챙겨보고 나가기도 하고요. 하지만 둥지를 비운 사이에 누가 들어와 버티면 주인은 바뀌게 됩니다. 다행히 별일 없이 시간이 흐릅니다.

까막딱다구리

며칠 뒤, 결국 별일이 생기고 맙니다. 그리고 그것이 시작이었습니다. 수컷이 둥지를 청소하고 있을 때였습니다. 청설모가 까막딱다구리 둥지에 접근합니다. 입에는 둥지 바닥에 깔 마른 지푸라기가 물려 있습니다. 지푸라기를 공 모양으로 동글동글 잘도 말았습니다. 까막딱다구리 수컷이 마침 둥지에 있었기에 부리를 쭉 뻗어 청설모를 쫓아냈습니다. 이제 시작이라는 것을 수컷이 감지한 듯합니다. 얼른 암컷을 숲으로 모셔 와야 합니다. 그래야 교대로 둥지도 지킬 수 있기 때문입니다. 할 일이 많은 수컷이 어쩔 수 없이 둥지를 나섭니다. 둥지가 비어 있는 틈을 타 청설모가 잽싸게 둥지 바닥에 지푸라기를 깔고 둥지를 나섭니다.

까막딱다구리와 청설모

빈 둥지에 이번에는 아주 작은 친구가 등장합니다. "휫휫휫휫, 휫휫휫휫~~" 높고 강한 소리를 내는 품새가 만만찮아 보입니다. 당차 보이기는 하는데 너무 작습니다. 까막딱다구리 둥지 입구가 운동장처럼 넓어 보일 정도입니다. 어찌 되었든 청설모가 깐 지푸라기를 동고비가 다 꺼냅니다. "영차, 영차~~" 끝없이 지푸라기가 나옵니다. 참 많이도 깔았네요. 다 꺼냈습니다. 까막딱다구리 둥지는 입구도 넓지만 너무 깊기도 합니다. 입구도 좁혀야 하고 깊이도 높여야 하는데 깊이가 먼저라고 여긴 모양입니다. 나뭇조각 먼저 물고 옵니다. 마음이 급합니다. 진흙을 날라 입구도 좁혀야 합니다.

드디어 둥지의 주인, 까막딱다구리 수컷이 왔습니다. 워낙 덩치 차이가 큽니다. 불가항력입니다. 둥지를 내줍니다. 그렇다고 그냥 물러서지는 못하겠나 봅니다. 휙휙 날아다니며 뾰족한 부리로 공격을 합니다. 하지만 덩치 차이가 너무 큽니다. 정말 그냥 물러서지는 못하겠나 봅니다. 상상도 못 한 일이 벌어집니다. 배설물을 뿌리기 시작합니다. 배설물이 이런 용도로도 사용된다는 것은 처음 알았습니다. 그럼에도 동고비가 까막딱다구리를 일대일로 맞설 수는 없습니다. 일단 후퇴합니다. 정말 허무합니다. 동고비가 네 시간에 걸쳐 쌓고 붙인 나뭇조각과 진흙을 15초 만에 깔끔히 밖으로 내던집니다. 청소를 마친 까막딱다구리는 잠시 둥지 밖으로 고개를 내밀고 있다 휙 날아 숲을 떠납니다. 새끼가 있는 것도 아니고, 그렇다고 알이 있는 것도 아니니 내내 둥지만 지키고 있을 수는 없겠지요.

까막딱다구리와 동고비

빈 둥지에 청설모가 옵니다. 둥지 입구로 고개를 내민 청설모의 표정에서 황당함이 느껴집니다. 지푸라기 더미가 온데간데없이 사라졌으니 말이지요. 그 순간 동고비가 다시 등장합니다. 부리에 콩알 크기의 진흙이 물려 있습니다. 둥지 입구를 꽉 채운 청설모의 얼굴을 밀쳐내고 안으로 들어갈 힘이 동고비에게는 없습니다. 그렇다고 포기할 동고비가 아닙니다. 이리저리 날아다니며 청설모의 얼굴을 사납게 공격해 보지만 여전히 황당한 표정의 청설모는 꿈쩍도 하지 않습니다. 잠시 동고비가 지친 몸과 마음을 추스르려 둥지를 떠난 사이 청설모가 얼른 나와 지푸라기 뭉치를 물고 와 둥지로 들어갑니다. 그러기를 몇 번, 사이사이에 이끼도 나릅니다. 바닥에 지푸라기와 이끼를 까는 시간이 오래 걸릴 것 같지는 않은데 청설모가 나오지 않고 있습니다. 버티기로 작정한 모양입니다.

동고비와 청설모

시간이 조금 흐른 뒤 까막딱다구리 수컷이 멀리서부터 "끼링, 끼링, 끼링" 소리를 우렁차게 내며 숲으로 들어옵니다. 처음에는 시원하게 쭉 뻗은 가래나무에 앉더니 나무를 두 번 옮긴 끝에 둥지 입구 옆으로 내려앉습니다. 곧바로 둥지로 들어가려고 하지만 들어갈 수가 없습니다. 날개를 펼쳐 자신이 아주 큰 존재임을 과시하려 하지만 늦었습니다. 이미 청설모의 이빨에 물린 뒤입니다. 이제 황당함의 주인공이 바뀌었습니다. 자기 집인데 들어가지도 못하거니와 물리기까지 했으니 황당함으로 치면 까막딱다구리가 최고인 꼴이 되고 말았습니다. 마침내 숲에 어둠이 내리기 시작합니다. 청설모도 아직은 까막딱다구리 집에서 잠까지 자고 싶지는 않은 모양입니다. 어둠에 기대어 슬며시 둥지를 벗어납니다. 덕분에 까막딱다구리 수컷이 간신히 자기 집으로 들어가 잠듭니다.

청설모와 까막딱다구리

다음 날 새벽입니다. 아직 어둠이 다 밀려나지 않은 시간입니다. 까막딱다구리 수컷이 일찍 둥지를 나섭니다. 어딘가에 있을 암컷을 데려오기 위함일 것입니다. 곧바로 익숙한 소리가 어둠 속에 번집니다. "끄액, 끄액~" 원앙 소리입니다. 멀리서 들리기도 하고 가까운 곳에서 들리기도 합니다. 꽤 여러 마리가 움직이는 소리입니다.

마침내 아주 가까이서 들립니다. "푸드덕, 푸드덕" 날갯짓 소리도 들립니다. 둥지 입구가 바로 보이는 가래나무에 앉습니다. "부르르르르, 부르르르르~" 소리를 몇 번 냅니다. 들어가겠다는 소리입니다. 더 지체하지 않고 둥지로 돌진합니다. 발이 물갈퀴이기 때문에 똑바로 서 있는 나무줄기를 잡을 수 없습니다. 딱다구리처럼 줄기를 잡고 올라가거나 내려올 수 없다는 뜻입니다. 바로 날아서 한 번에 들어가야 하는데 멀리서 접근하면 그 한 번이라는 게 한 번에 되지 않습니다. 그런데 지금은 둥지 바로 앞에서 접근하고 있습니다. 둥지 안에서 공격하는 누가 없으니 그렇습니다.

잠시 뒤 원앙 암컷이 둥지 밖으로 나옵니다. 둥지 밖에서 기다리던 수컷이 암컷을 안내하며 유유히 숲을 떠납니다. 여전히 어둠이 조금 남아 있는 시간입니다. 어수선한 상황이라 그런지 까막딱다구리 수컷이 둥지를 오래 비우지 못하겠나 봅니다. 둥지를 나선 지 얼마 지나지 않았는데 서둘러 돌아와 들어갑니다. 하지만 이미 늦었습니다. 아직 신방도 차리지 못한 침실에서 원앙의 알을 부리에 물고 나옵니다.

원앙과 까막딱다구리

정도의 차이는 있지만 이처럼 자기가 원하는 것을 넣고 남이 넣은 것을 빼내며, 둥지의 주인이 바뀌는 다툼은 날마다 되풀이되었습니다. 일주일이 지난 뒤, 수컷이 드디어 숲으로 암컷을 데려오는 데 성공했습니다. 이제 둥지는 암수가 교대하며 지키는 것으로 변했습니다. 훨씬 효과적으로 둥지를 지킬 수 있는 길이 열린 것입니다. 그런데 아직 알도 낳지 않았기에 교대에 틈이 많이 생겼습니다. 아직은 간절하지 않았던 것입니다. 상대가 늦더라도 올 때까지 기다리지는 못했습니다.

그 틈을 놓치지 않은 친구가 있습니다. 큰소쩍새입니다. 교대의 틈 사이로 둥지가 비었을 때 큰소쩍새가 쑥 들어간 것입니다. 그리고 큰소쩍새는 꿈쩍도 하지 않고 둥지의 낮을 지켰습니다. 그러다 까막딱다구리, 원앙, 청설모, 동고비가 잠든 밤에만 슬쩍 움직였습니다. 큰소쩍새는 야

까막딱다구리

행성입니다. 낮에는 둥지를 잠시도 비우지 않고 꿈쩍하지 않는 것이 기본인 생명체입니다. 둥지를 차지한다는 점에서는 경쟁우위에 있습니다. 그 해 그 둥지에서 큰소쩍새가 어린 새 여섯 마리를 키워냈습니다.

큰소쩍새

그다음 해는 어떠했을까요? 그리고 또다시 그다음 해는 어떠했을까요? 같은 모습이 똑같이 벌어지지는 않았습니다. 같은 종이 해를 이어 번식했어도 말이지요. 어느 해는 까막딱다구리가 주인이 되고, 또 어느 해와 그다음 해는 원앙이 연이어 주인이 되고, 또 어느 해는 청설모가 새끼를 낳아 키웠고, 또 어느 해는 놀랍게도 동고비가 주인이 되기도 했습니다. 모진 바람에 둥지 나무가 결국 쓰러질 때까지는 말이지요.

둥지 전쟁 2 오동나무 둥지

숲 가장자리에 딱다구리 둥지를 품은 오동나무 한 그루가 서 있습니다. 나이 든 제법 큰 나무입니다. 한적한 곳일지라도 더러 사람이 지날 때가 있는데 나무에 눈길을 주는 사람은 없어 보였습니다. 그러니 그 나무가 딱다구리 둥지를 품고 있다는 사실을 아는 사람은 없을 것입니다. 뭐, 그럴 수 있습니다. 다른 나무와 똑같이 봄이 오면 잎이 돋고, 여름이면 꽃이 피고, 가을날에는 누런빛으로 물들다 겨울이면 빈 나무가 되는 일정을 반복하니까요. 하지만 가만가만 다가서서 보면 엄청난 일이 벌어지는 나무라는 것을 알게 됩니다. 딱다구리 둥지 하나를 품고 있다는 이유 하나로 말이지요.

동고비가 딱다구리 둥지를 차지하여 입구도 좁히고 어느 정도 시간이 지나 진흙이 마를 무렵이 되면 그 이후로는 번식에 성공하는 것으로 알았습니다. 《동고비와 함께한 80일》의 두 둥지가 모두 그랬으니까요. 이후로 더 지켜보며 알게 되었습니다. 운이 좋아 모두 성공하는 모습만 만났다는 것을 말이지요. 모두 성공하는 게 아니었습니다. 어린 새가 아무

탈 없이 둥지를 떠나는 이소를 성공이라 친다면 성공 가능성은 70퍼센트 정도였습니다. 30퍼센트 정도는 실패로 끝났습니다.

그리고 실패의 원인은 외부에도 있지만 내부에 있는 경우가 훨씬 더 많다는 것도 알게 되었습니다. 모든 쌍이 손발이 척척 맞는 것이 아니라는 것도 알게 되었습니다. 그리고 번식 경험의 유무도 중요해 보였습니다. 새의 수명은 체중에 비례합니다. 참새 크기인 동고비는 수명을 3년으로 잡으면 될 듯합니다. 수명이 3년이라면 태어난 해를 빼면 두 번 번식에 참여한다는 뜻입니다. 번식 첫해와 두 번째 해는 달라 보였습니다. 느낌이기는 하지만 뭔가 순서를 알고 하는 개체가 있고, 조금 버걱거리는 개체가 있었습니다. 물론 이 또한 개체 고유의 차이일 수도 있지만요. 또한 둥지 다툼을 비롯한 외부 환경의 변화에 대처하는 태도 역시 개체마다 차이가 있었습니다. 동고비라 하여 모두 똑같지 않았던 것입니다. 어쩌면 당연한 것이지만 알아내기까지 시간이 제법 걸렸습니다.

숲 가장자리 오동나무에 처음으로 둥지를 지은 것은 청딱다구리였습니다. 청딱다구리는 오색딱다구리와 큰오색딱다구리와 비교할 때 몸집은 크지만 경쟁에서는 밀리는 경우가 많습니다. 조심성이 많고 겁도 많아 보입니다. 자신이 애써 지은 집이건만 첫해를 빼놓고는 번식 둥지로 쓰지 못했고 다른 친구들의 번식이 끝난 뒤 잠자리 둥지로 사용하는 경우가 많았습니다. 물론 다른 친구들 중에는 동고비도 있습니다.

동고비가 진흙을 붙이기 시작한 것은 3월 중순이었습니다. 무난하게 진행되는 듯했으나 어느 날부터 오색딱다구리와 청딱다구리가 주변에서 보이기 시작했습니다. 아시는 것처럼 동고비가 둥지를 지을 때 경계를 서는 것은 수컷의 임무입니다. 암컷은 둥지 쪽을 봐야 해서 등 뒤의 상황을 제대로 알기 어렵습니다. 따라서 수컷은 계속해서 소리를 내줘야 합니다. 성실한 수컷은 그렇게 합니다. 그러다 누군가, 특히 둥지를 한순간에 무너뜨릴 수 있는 딱다구리 종류가 접근하면 몸을 감추기 좋은 곳에 숨어 기습의 기회를 기다려야 합니다. 몸집이 작으니 정면승부는 어렵습니다. 또한 딱다구리 종류의 취약한 순간을 노려야 합니다. 딱다구리가 동고비가 붙인 진흙을 파내거나 무너뜨리려면 반드시 둥지 쪽을 봐야 합니다. 둥지를 지을 때의 동고비 암컷처럼 등 뒤의 상황을 알 수 없는 순간입니다. 눈이 뒤에도 있는 것은 아니니까요. 동고비는 그때를 놓치지 말아야 합니다. 매복과 기습의 효과는 상상 이상입니다.

그런데 동고비 수컷의 태도가 영 아닙니다. 둥지 주변을 벗어나지 말아야 하는데 자주 벗어납니다. 심지어 오래 있다가 돌아오기도 합니다. 아슬아슬한 시간이 흐르고 또 흐릅니다. 진흙 날라 붙이랴 수컷이 해줘야 할 주위까지 살피랴 암컷 혼자 분주합니다. 5일에 걸쳐 어찌어찌 둥지의 모양이 갖춰졌습니다. 이런……, 둥지 모양이 갖춰지니 암컷도 자리를 비우기 시작합니다. 딱다구리도 알고 있습니다. 진흙이 완전히 굳으면 무너뜨리기 힘들다는 것을 말이지요. 그러니 굳기 전에 무너뜨려야 한다는 것도 잘 알고 있습니다. 오색딱다구리가 아무도 지키지 않는 빈 둥지에 접근해 아주 쉽게 둥지를 원점으로 되돌려놓습니다. '식은 죽 먹기'라는 것이 이런 것을 두고 하는 말이 아닌가 싶습니다.

동고비와 오색딱다구리

두 시간 남짓 둥지를 비우고 돌아온 동고비는 잠시 황당해하는 듯 보이더니 마치 아무 일도 없었다는 것처럼 처음부터 다시 시작합니다. 또다시 5일 정도가 걸려 둥지의 모습이 갖춰졌습니다. "이렇게 둥지를 비우면 안 되는데……." 또다시 불안한 마음으로 지켜봐야 했습니다. 바로 그날, 둥지는 다시 아주 쉽게 무너지고 말았습니다. 마치 둥지의 꼴이 완성되기를 기다리기라도 했다는 듯 이번에는 청딱다구리가 나섰습니다.

무너진 입구에 또다시 진흙이 쌓입니다. 이번에는 일주일 남짓 걸려 둥지가 좁혀졌습니다. 그나마 다행인 점이 있습니다. 수컷이 어느 정도 제자리를 찾은 것으로 보입니다. 어설프기는 하지만 소리도 내주고 딱다구리가 접근하면 기습공격도 합니다. 아무 일도 없을 수는 없습니다. 그저

청딱다구리

이렇게 막아내면 됩니다. 며칠 지나면 진흙이 굳을 테니까요. 그런데 여전히 바뀌지 않는 것이 하나 있습니다. 수컷이 너무 멀리 가지 말아야 하는데 근처에서 아예 보이지 않을 때가 있는 것입니다. 게다가 지금은 무척 중요한 시간입니다. 암컷이 둥지 안에 있는 시간이 늘어나고 있습니다. 알을 낳고 있다는 뜻입니다. 벌써 며칠 지났으니 수컷의 역할이 퍽 중요한 때입니다. 암컷은 둥지 안에서 알을 지켜야 해서 먹이활동을 할 수 없습니다. 수컷이 먹이를 가져다주어야 하는데 당최 시원찮습니다. 암컷이 둥지 밖으로 나와서까지 기다리다가 수컷이 오지 않자 그냥 안으로 들어가는 일도 늘어나고 있습니다.

이런 일이 몇 번 반복되니 어쩔 수 없이 암컷도 둥지를 비우기 시작합니다. 조마조마하게 시간이 흐릅니다. 그렇게 이틀이 지납니다. 행운이 쌓이는 데에는 한계가 있습니다. 오색딱다구리가 둥지 앞에 편안하게 자리를 잡습니다. 게다가 이번에는 무너뜨리는 것으로 끝나지 않습니다. 안으로 들어가 동고비가 물어 나른 나무껍질과 나뭇조각을 모두 던져버립니다. 아……, 알까지 물어서 내던져 버리기도 합니다. 그리고 그날 이후로 동고비는 오동나무 둥지에서 보이지 않았습니다. 다른 둥지에서도 비슷한 상황이 더러 벌어졌습니다.

둥지 전쟁 3 잣나무 둥지

오래된 잣나무 숲의 한 늠름한 나무에 까막딱다구리가 둥지를 지었습니다. 경사가 급한 것은 아니지만 꽤 긴 경사지의 7부 즈음에 자리 잡은 나무입니다. 게다가 앞이 탁 트였습니다. '까막딱다구리가 둥지에서 바라보는 세상은 어떤 모습일까?' 하는 생각을 많이 했습니다. 그래서 경사지를 따라 올라가 더 높은 곳에서 숲을 내려다보았습니다. "참 좋다." "참 아름답다"는 탄성이 절로 나왔습니다. 나는 그러한데 까막딱다구리는 어떻게 느낄지 정말 궁금합니다. 둥지를 지은 첫해는 별 탈 없이 번식을 잘 치렀습니다. 암컷 둘과 수컷 둘, 모두 네 마리의 어린 새를 건강하게 키워냈으니까요.

딱다구리 둥지가 대체로 그렇습니다. 첫해는 이웃에 소문이 잘 나지 않은 모양입니다. 두 번째 해부터는 사정이 확 달라집니다. 여전히 잣나

까막딱다구리

무 숲의 같은 까막딱다구리 둥지입니다. 그런데 하루도 조용한 날이 없습니다.

둥지에서 부화가 일어난 지 사흘째 날입니다. 암수는 완벽하게 둥지를 지키며 교대하고 있습니다. 부화는 되었어도 아직 날이 찹니다. 어린 새의 체온을 챙겨줘야 합니다. 둥지를 비울 수 없는 이유가 또 있습니다. 이른 새벽, 아직 어둠이 짙게 내려 있는데 원앙은 벌써 분주합니다. 산 여기저기서 원앙의 소리가 울려 퍼집니다. 까막딱다구리가 가장 싫어하는 소리일 것입니다. "끄액, 끄액, 끄액." 둥지 앞에도 이미 여러 마리의 원앙이 도열해 있습니다. 원앙은 여러 마리가 함께 공격하기도 합니다.

"부르르르르, 부르르르르~" 원앙이 둥지에 들어오기 전에 내는 소리입니다. 그런데 둥지에 들어올 것도 아니면서 소리만 낼 때가 많습니다. 꽤 고통스럽습니다. 하루 종일 이 소리를 듣고 있으면 밤에 잠을 이루지 못합니다. 조용한 곳에 누워 있는데도 "부르르르르, 부르르르르" 소리가 계속 들리는 듯하기 때문입니다. 까막딱다구리도 다르지 않을 것입니다.

소리만으로 그치지 않습니다. 둥지로 접근합니다. 원앙은 둥지 안에 까막딱다구리가 있는 것을 알면서도 접근합니다. 둥지 입구에 가까워지면 까막딱다구리는 부리로 원앙을 공격합니다. 원앙은 방향을 바꿔 도망합니다. 이런 행동을 반복하면 까막딱다구리가 알이나 새끼를 제대로 돌볼 수가 없습니다. 둥지 바닥에서 어린 새를 품어야 하는데 위로 올라와 입구를 지켜야 하거나, 먹이를 구하러 나가야 하는데 나갈 수 없기 때문입니다. 지금은 부화가 일어났으니 먹이를 구하러 나가야 하는데 그러지 못하고 있는 형편입니다.

원앙과 까막딱다구리

원앙이 입구에 더 가까이 접근하거나 자주 접근하면 까막딱다구리는 대응 방식을 바꿉니다. 입구에서 방어만 하는 것이 아니라 밖으로 나와 원앙을 뒤따라가 공격하고 다시 들어갑니다. 원앙이 바라는 것입니다. 이 모든 것은 하나를 향합니다. 둥지 아래에 있는 어린 새를 잘 돌보지 못하게 하는 행동입니다. 원앙도 달리 길이 없어 그러는 것이겠지요. 이런 일이 반복되면 어린 새들이 잘 클 수 없는 것은 분명합니다.

원앙도 활동 시간이 있습니다. 주로 새벽과 해질 무렵에 둥지를 공격합니다. 한낮에는 원앙도 쉽니다. 하지만 원앙이 쉰다고 하여 둥지가 조용해지는 것은 아닙니다. 낮에는 청설모가 활동을 시작합니다. 둥지에 직접 들어가려고도 하지만 까막딱다구리의 신경을 계속 건드리는 행동 또한 많이 합니다. 둥지 바로 위 가지에 앉아 계속해서 잣을 까고 껍질을 둥지 쪽으로 떨어뜨려 까막딱다구리의 신경을 긁어댈 때가 많습니다.

까막딱다구리 둥지, 정말 고단합니다. 청설모가 열매를 주우러 나무를 타고 내려가면 그 틈에 동고비가 어디선가 쏜살같이 나타납니다. 몸집은 까막딱다구리, 원앙, 청설모에 비해 턱없이 작지만 야무지기 그지없어서 짧은 시간에도 꽤 매서운 공격을 퍼붓고 사라집니다. 그러는 사이에 해가 기웁니다. 원앙의 시간이 다시 시작됩니다. "끄액, 끄액, 끄액" "부르르르르, 부르르르르~." 듣고 보는 내 머리도 깨질 것만 같은 모습이 날마다 반복됩니다.

며칠 뒤, 안개가 자욱한 날입니다. 입구에 올라와 둥지를 지키느라 어린 새의 먹이를 구하러 나설 수가 없습니다. 어쩔 수 없나 봅니다. 암컷이 아직 오지 않았는데 먹이를 구하러 수컷이 둥지를 비우고 나섭니다. 원앙이 접근합니다. 바닥의 어린 새 말고는 아무도 없는 둥지입니다. 아무 저항 없이 쉽게 들어간 원앙이 한참 있다 나옵니다. 이후로 둥지가 비는 날이 점점 늘어났습니다. 둥지가 빌 때마다 원앙은 계속 드나들었고요.

며칠 뒤, 둥지를 비웠다 온 수컷이 늘 그랬듯 원앙 알을 물고 입구로 올라와 휙 던져버립니다. 그것으로 끝일 줄 알았습니다. 그런데 다시 무엇을 또 물고 올라옵니다. 털도 제대로 나지 않은 어린 새입니다. 이어 사흘에 걸쳐 같은 일이 벌어지며 결국 둥지에는 더 물고 나올 어린 새가 하나도 남지 않게 되었고 까막딱다구리도 잣나무 숲을 떠났습니다.

이후로는 원앙과 청설모의 싸움이 이어졌습니다. 원앙도 약점이 있습니다. 하루에 하나의 알을 낳는데 다 낳을 때까지는 알만 낳고 둥지를 떠나기 때문입니다. 알을 모두 낳으면 그때부터는 철저하게 품습니다. 하지만 알을 낳기 시작해서 다 낳을 때까지는 취약한 시간일 수밖에 없습니다. 알만 두고 둥지를 비우는 것이니까요. 알을 낳는 시간이 주로 이른 아침이라고 했습니다. 이른 아침 알을 낳고 나가면 다음 날 아침에나 다시 옵니다. 그사이에 누가 들어와 알을 해코지하면 낭패입니다. 청설모가 드나들며 알을 훔칩니다. 어느 하루는 담비가 앞발을 넣고 알을 꺼내기도 했습니다.

담비가 다녀간 뒤로는 원앙이 발길을 끊었습니다. 이번 해는 아무도 번식을 하지 못할 줄 알았는데 또 남은 생명이 있습니다. 여왕벌 하나가 날아든 것입니다. 분봉입니다. 여왕벌을 따라 일벌들이 줄을 이어 들어옵니다. 이틀 사이에 까막딱다구리 둥지가 넘치도록 벌이 늘어났습니다.

해가 바뀌었습니다. 지난가을까지는 벌의 세력이 강했으나 끝내 겨울의 추위를 이기지 못했습니다. 그리고 이른 봄을 맞습니다. 까막딱다구리가 나타나 둥지 청소를 말끔하게 끝냈습니다. 아직 암컷은 뵈지 않습니다.

암컷을 찾으러 다니느라 바쁜지 까막딱다구리가 둥지를 자주 비웁니다. 아직 퍽 춥습니다. 원앙도 뵈지 않고, 청설모도 움직이지 않습니다.

그렇습니다. 동고비가 나타납니다. 드넓은 까막딱다구리 둥지에 진흙을 붙이기 시작합니다. 동고비가 자신보다 몸집이 열 배 이상 큰 까막딱다구리의 집을 좁히는 모습을 보면 '헉' 하는 탄성이 절로 나옵니다. 콩알 크기의 진흙을 물어 와 좁힙니다. 하나는 작습니다. 그런데 하나가 모이면 둘이 되고, 열이 되고, 백이 되고, 천이 됩니다. 소중한 무엇은 하나가 모여 이루어질 때가 많습니다. 아득해 보이고 실제 아득하더라도 한 걸음 또 한 걸음이 쌓이면 마침내 목적지에 이르게 됩니다. 천릿길에 이르게 하는 것은 결국 한 걸음이니까요.

동고비가 결국 해냈습니다. 까막딱다구리 둥지를 자기 말고는 아무도 들어가지 못하게 좁혔고, 진흙도 잘 말라 돌처럼 단단해졌습니다. 그

동고비

런데 안타깝게도 거기까지였습니다. 번식 일정을 더 이어가지는 못했습니다. 좁히기만 했습니다. 손발이 맞지 않아 결국 헤어졌습니다. 갈 길을 막는 것은 밖에도 있고 안에도 있습니다.

늦가을 어느 날, 동고비 둥지는 허물어졌습니다. 까막딱다구리가 잠을 자는 둥지로 쓰기 시작한 것입니다. 그러다 번식 둥지로 쓰지 않을까 싶었는데 이른 봄에 이르자 까막딱다구리의 발길이 끊어졌습니다. 당찬 친구 동고비도 얼씬거리지 않습니다. 청설모도 들어가지 못하고, 거침없는 원앙도 근처에서 뵈지 않습니다. 하늘다람쥐나 큰소쩍새 수준을 넘어서는 강력한 야행성의 누군가 버티고 있다는 뜻입니다. 혹시 올빼미? 맞습니다. 이번에는 올빼미가 까막딱다구리 둥지에 깃들여 어린새 세 마리를 키워냈습니다.

올빼미

둥지의 역사

동고비를 만나기 위해 맨 먼저 한 일은 딱다구리 둥지를 찾는 것이었습니다. 굳이 멀리 갈 필요는 없었습니다. 고맙게도 몸담고 있던 대학교가 울창한 숲으로 둘러싸여 있었습니다. 딱다구리 둥지 열두 곳을 정하고 그중 어느 한 곳에서라도 동고비가 번식을 치러주기를 바라며 지켜보았습니다. 만남을 위한 구체적인 몸짓이었다 할 수 있습니다. 첫해에는 열두 곳 중 한 곳에서 동고비가 번식을 치렀습니다. 은단풍 둥지였습니다. 나름 동고비가 마음에 들어할 곳으로 정한 것인데 8.3퍼센트로 생각보다 낮았습니다. 다음 해에는 두 곳에서 번식을 치렀습니다. 두 배가 되었지만 2년을 합치면 스물네 곳 중 세 곳이니 12.5퍼센트 정도에 이릅니다. 여전히 높은 편은 아닙니다. 둘 중 하나는 이전과 같은 둥지였습니다.

이후로 15년이 지났습니다. 처음 두 둥지는 3년이 지난 뒤 큰 태풍이 왔을 때 모두 쓰러졌습니다. 열두 둥지 중 지금까지 남아 있는 나무는 셋입니다. 은사시나무 둘, 소나무 하나입니다. 은사시나무 두 둥지 중 하나는 현재 입구가 닫혀 있습니다. 누가 쓰지 않으면 나무도 문을 닫습니다. 더군다나 은사시나무는 생장 속도가 빠른 나무라 입구도 빨리 닫힙니다. 한 나무는 건재합니다. 소나무 둥지도 잘 버티며 많은 생명을 품어내고 있습니다.

앞서 둥지 전쟁에 대한 이야기를 했습니다. 이제는 딱다구리 둥지의 주인이 해마다 어떻게 바뀌는지, 곧 둥지의 역사에 대해 소개하려 합니다. 15년 넘은 둥지들이며, 그중 적어도 한 해는 주인이 동고비였던 둥지들입니다.

● 둥지의 역사 1 오색딱다구리 - 동고비

처음 열두 둥지 중 하나입니다. 17년 동안 만나고 있다는 뜻입니다. 은사시나무 둥지입니다. 길가인 데다 학생들이 많이 오가는 건물 바로 옆에 서 있는 나무라서 그런지 경쟁이 치열하지는 않았습니다. 결과적으로 다양한 친구들이 깃들인 둥지는 아닙니다. 대부분 오색딱다구리가 차지했습니다. 번식을 치른 해도 있고, 암컷이 잠을 자는 둥지로만 몇 년을 쓰기도 했습니다. 긴 시간이니 아마도 개체는 바뀌었을 것입니다. 물론 그 사이사이에 동고비가 두 번 번식을 했습니다. 2024년 현재, 오색딱다구리 암컷이 잠을 자는 둥지로 사용하고 있습니다. 어찌 보면 가장 평범한 딱다구리 둥지의 모습이라 할 수 있겠습니다.

오색딱다구리

동고비

● 둥지의 역사 2 큰오색딱다구리 - 소쩍새 - 하늘다람쥐 - 동고비 - 하늘다람쥐 - 말벌 - 동고비 - 하늘다람쥐 - 다람쥐

15년 된 둥지입니다. 둥지를 짓기 시작한 첫날부터 함께한 둥지이기도 합니다.《동고비와 함께한 80일》의 첫해 둥지 바로 옆에 있는 또 다른 은단풍입니다. 큰오색딱다구리 작품입니다. 흐른 시간이 있어 지금은 모습이 조금 바뀌었지만 처음에는 완전한 타원형이었습니다. 첫 주인인 큰오색딱다구리 한 쌍은 두 마리의 어린 새를 키워냈습니다. 번식을 처음 치르는 쌍이었는지 어린 새의 숫자가 적었습니다. 어린 새 둘은 거의 꼬리를 잇듯 이소했는데, 바로 그날로 소쩍새가 입주했습니다. 둥지는 하루조차 비지 않았던 것입니다. 그럴 만합니다. 소쩍새는 둥지 주변에서 큰오색딱다구리 어린 새가 떠나기만을 기다리고 있었거든요.

그해 여름, 소쩍새 한 쌍은 다섯 마리의 어린 새를 똘망똘망하게 잘 키운 뒤 둥지를 떠났습니다. 겨울에는 하늘다람쥐가 차지해 추운 겨울을 넘겼습니다. 하늘다람쥐가 언제부터 새로운 주인이 되었는지는 정확히 알지 못합니다. 소쩍새가 떠난 뒤 바로 들어온 것일 수 있고, 가을 어느 날 들어온 것일 수도 있겠는데, 그 처음이 언제인지 내내 지켜보지는 못했습니다. 그 겨울과 다음 3년은 하늘다람쥐가 살았습니다. 수컷이었나 봅니다. 어린 하늘다람쥐를 보지는 못했으니까요.

하늘다람쥐가 딱다구리 둥지를 한번 차지하면 어지간해서는 바뀌지 않습니다. 낮에는 둥지 안에서 꼼짝도 하지 않기 때문입니다. 무려 17년 동안 하늘다람쥐 한 종만 쓰는 둥지도 알고 있습니다. 말 그대로 독차지입니다. 대를 물려가며 쓰나 봅니다. 어찌 한 것인지는 알 수 없지

만 다섯 번째 해의 주인공은 동고비였습니다. 여섯 마리의 어린 새를 잘 키웠습니다. 동고비가 떠난 뒤 둥지는 그대로 비어 있었습니다. 동고비를 비롯한 아주 작은 새만 드나들 수 있는데 이제 번식 일정이 모두 끝났으니 아무도 거들떠보지 않았던 것입니다.

빈 둥지 상태로 가을을 맞았습니다. 가을 또한 이렇게 지나가시나 할 즈음 청딱다구리가 나타나 둥지를 허물었습니다. 그리고 이틀 잠을 잔 것이 전부였습니다. 사흘째 날, 주변이 어둑어둑해질 무렵 잠을 자러 온 청딱다구리가 둥지 안을 들여다보고는 화들짝 놀라며 바로 날아가 버립니다. 조금 더 시간이 흘러 완전히 깜깜해진 뒤 둥지에서 얼굴을 내민 것은 하늘다람쥐였습니다. 또 그렇게 3년이 흘렀습니다.

9년째 봄입니다. 하늘다람쥐도 어쩔 수 없는 강력한 친구가 나타났습니다. 말벌입니다. 말벌은 소리 소문 없이 2년 동안 둥지에서 군림했습니다. 11년째, 겨울에 가까운 이른 봄이었습니다. 겨울을 지나며 말벌의 세력이 한없이 약해진 틈을 타 동고비가 다시 둥지의 새로운 주인이 되었습니다. 하지만 이번에는 암수의 손발이 제대로 맞지 않아 번식에는 실패하고 말았습니다. 둥지 입구는 좁혀진 채로 여름이 지났습니다.

가을이 되자 이번에는 오색딱다구리가 나타나 둥지를 허물었습니다. 허문 애씀에 대한 대가는 얻었나 모르겠습니다. 역시 이틀 잠을 자고 하늘다람쥐에게 밀려나고 말았습니다. 이후로 현재까지는 다람쥐가 드나들고 있습니다. 올봄에는 이 둥지에서 다람쥐가 번식할 가능성이 높아 보이는데 지켜봐야 하겠습니다.

큰오색딱다구리
소쩍새
하늘다람쥐
동고비

동고비
하늘다람쥐
말벌
동고비
다람쥐

● 둥지의 역사 3 큰오색딱다구리 – 소쩍새 – 하늘다람쥐 – 다람쥐 – 동고비

만난 지 13년 된 둥지입니다. 소나무 둥지입니다. '둥지의 역사 2'처럼 큰오색딱다구리 작품이며, 둥지를 지을 때부터 만났습니다. 둥지가 산란보다 많이 앞서 완성된 듯 보였습니다. 다른 방법이 없습니다. 암수가 교대하며 둥지를 지키기 시작했습니다. 그런데 암컷이 간절하지 않았습니다. 둥지를 자주 비웠습니다. 결과적으로 애써 짓기만 했을 뿐 번식은 시작도 못 한 채 하늘다람쥐에게 둥지를 내주고 말았습니다. 그 둥지에서 해마다 다툼이 벌어졌는데 하늘다람쥐 7년, 다람쥐 2년, 소쩍새 1년, 동고비가 3년 차지했습니다. 그러고 보니 딱다구리는 둥지를 짓기만 하고 한 번도 제대로 써보지 못했네요.

딱다구리의 둥지를 차지하는 능력으로는 대체로 하늘다람쥐가 가장 앞섭니다. 야행성이라는 것이 가장 큰 이유입니다. 결과적으로 다른 친구들은 암수가 완벽하게 교대해야 이룰 수 있는 것을 휴식이나 잠을 자며 이루는 것이기 때문입니다. 물론 소쩍새도 야행성입니다. 하지만 알을 품거나 어린 새를 키우는 시기가 아니라면 소쩍새는 둥지 안에 있기보다는 주로 밖으로 나와 나뭇가지 어딘가에 은밀히 숨어서 앉아 있기를 좋아합니다. 힘도 힘이지만 둥지 안에서 꿈쩍도 하지 않고 버티는 자를 이길 수는 없습니다. 자연은 그렇습니다. 이 강적들 사이에서 동고비가 3년에 걸쳐 번식에 성공했다는 것도 대단합니다. 게다가 3년 연속입니다. 그런데 3년 연속보다 더 특별한 사실이 있습니다.

동고비 둥지에 대해 무척 궁금한 것이 있었습니다. 넓게 말하면 동고비 둥지의 운명에 대한 것입니다. 동고비가 번식을 마치고 떠나면 둥지 입구는 처음 상태로 돌아갑니다. 딱다구리가 진흙을 무너뜨리는 것이지요. 대체로 가을에 이르면 동고비 둥지는 모두 무너집니다. 모두 그랬습니다. 그런데 '정말 모두 무너지는 것일까?' 하는 생각이 들었습니다. 이어서 '딱다구리의 눈에서 벗어나 버티면 다음 해에도 둥지가 그냥 있을 터인데 어떤 일이 벌어질까?' 하는 생각도 들었습니다. 분명 딱다구리의 눈을 비켜간 둥지가 있을 것 같았습니다. 눈에 띈다 하여 보이는 족족 무너뜨리지 않을 수도 있겠고요.

오래도록 만나지 못하다가 드디어 만났습니다. 바로 이 소나무 둥지입니다. 동고비 한 쌍이 어린 새를 잘 키우고 떠난 뒤 가을이 지나고 겨울도 지나 다시 봄이 오도록 둥지는 무너지지 않았습니다. 정확히는 딱다구리가 부리를 대지 않은 것이지요. 좁디좁은 입구의 동고비 둥지에 눈길을 주는 친구들은 없었습니다. 무너지지 않고 해를 넘긴 둥지에서 동고비가 또 번식을 성공적으로 치렀습니다. 두 번째 번식을 치른 뒤 둥지 입구가 무너졌습니다. 가을이었습니다. 그러다 해가 바뀌고 봄이 왔을 때 무너진 둥지를 차지한 것은 또 동고비였습니다.

무너지지 않은 둥지에서 해를 이어 번식했다는 것은 두 번째 번식의 경우 이미 완성된 둥지를 사용한다는 뜻입니다. 둥지 입구는 동고비만 드나들 수 있을 만큼 좁혀 있고, 내부 공간은 알맞을 것이며, 둥지 바닥의 높이 또한 딱 맞춰져 있겠지요. 그렇더라도 알을 낳고 품을 자리, 알자리에 필요한 나무껍질은 다시 날랐습니다. 그래요. 이부자리는 바꿔야지요. 오래 걸리는 일도 아니니까요. 둥지를 재사용할 경우 번식 준비에 필요한 시간을 많이 줄였어도 번식을 일찍 시작하지는 않았습니다. 어린 새를 키워내려면 먹이가 필요한데 먹이 또한 시간이라는 때가 있는 것이니까요.

큰오색딱다구리

소쩍새

하늘다람쥐

다람쥐

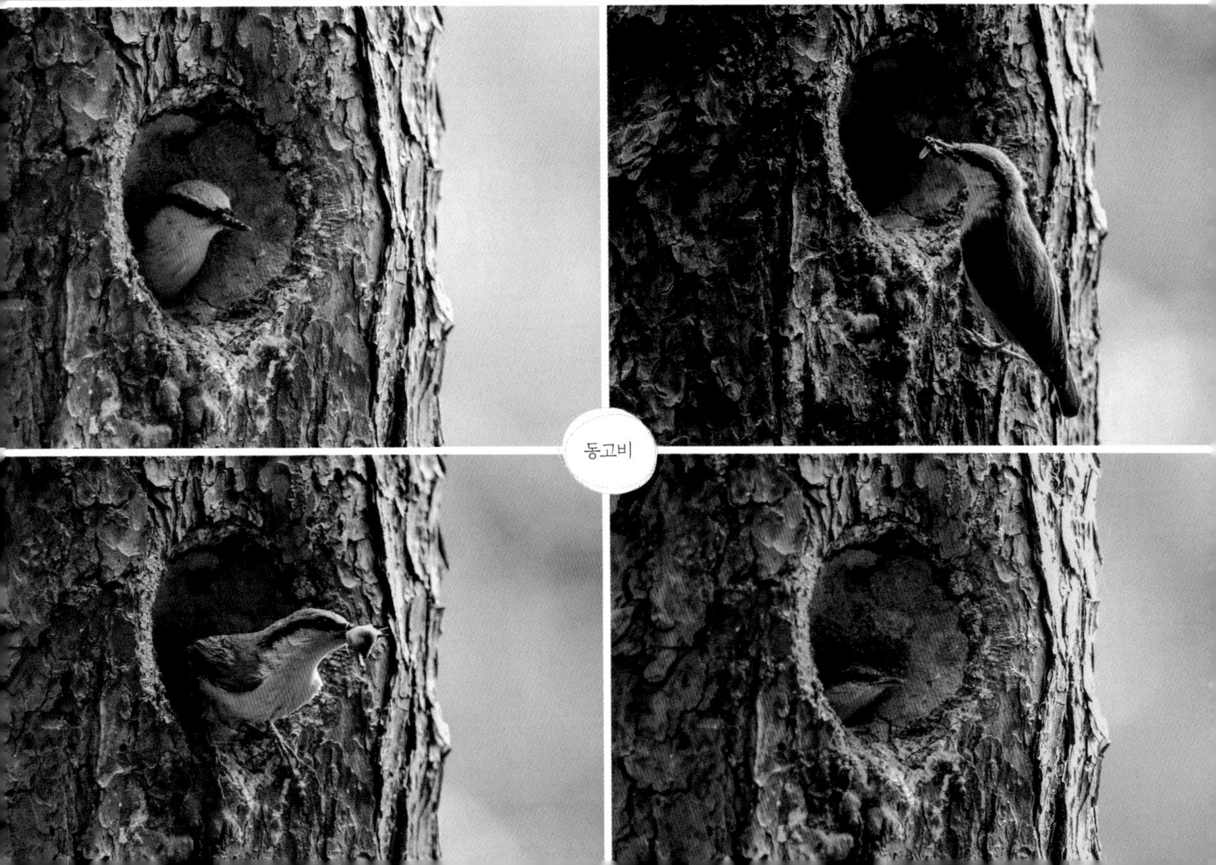

동고비

● **둥지의 역사 4** 청딱다구리 - 동고비 - 하늘다람쥐

올해로 만난 지 10년이 되는 둥지로 벽오동이 품고 있습니다. 벽오동은 오동나무와 비슷하지만 줄기가 푸른 특징이 있어 붙인 이름입니다. 입구를 만들기 위해 나무를 어느 정도 파낸 시간부터 만났습니다. 둥지를 짓기 시작하고 사나흘 지난 시간이었을 것입니다. 둥지를 지을 때 수컷이 통 보이지 않았습니다. 번식을 위한 둥지가 아니라는 뜻입니다. 청딱다구리 암컷의 잠 전용 둥지입니다. 잠을 자는 둥지는 해질 무렵에 와서 잠을 자고 아침 일찍 나서기 때문에 낮에는 비어 있습니다. 청딱다구리가 둥지를 계속 사용하고 있다는 것은 해질 무렵에 잠을 자러 들어오는 것으로 확인할 수 있습니다. 일주일에 적어도 한 번을 그런 식으로 확인했고 그렇게 3년의 시간이 흘렀습니다. 둥지가 평온했다는 뜻이기도 합니다.

4년째 봄입니다. 드디어 동고비가 관심을 보이기 시작합니다. 청딱다구리의 잠 전용 둥지이기 때문에 내부가 아주 좁을 것으로 예상했는데 동고비가 번식을 치르기에는 부족함이 없었던 모양입니다. 잘하고 있었는데…… 암컷이 알을 품기 시작하면서 뭔가 손발이 맞지 않기 시작했습니다. 문제가 해결되지 않고 점점 쌓이기만 하더니 결국 수컷에 이어 암컷마저 둥지를 떠나고 말았습니다. 둥지는 계절이 몇 번 바뀌도록 그런 모습으로 있다가 어느 날 청딱다구리가 깔끔하게 정리했습니다. 하지만 그날 밤부터 지금까지 둥지는 하늘다람쥐가 차지하고 있습니다.

청딱다구리
동고비
하늘다람쥐

동고비 정신

동고비, 참으로 당찬 새입니다. "딱다구리 둥지가 다 좋은데 넓은 것이 문제라고?" "문제도 아니네." "좁히면 되잖아!" "바로 시작하지, 뭐." 생각만 하지 않고 행동으로 옮길 줄 알기 때문입니다. 게다가 그 엄청난 덩치들과의 싸움에서도 포기하지 않고 끝내 둥지의 주인공이 되기도 합니다. 어떻게 더 당찰 수 있을까요? 그런데 어찌 보면 아주 엉뚱한 모습을 만나게 되었습니다. 나 또한 한두 해 보고 멈춘 것이 아니라 볼 수 있는 끝까지 보려 한 덕이겠지요. 비어 있는 둥지가 아니라 현재 사용 중인 둥지를 좁혀 자신의 둥지로 삼으려는 무모한 동고비를 만난 것입니다.

결과는 뻔합니다. 죽어라 좁혀도 금세 무너지기 마련이니까요. 그럼에도 동고비는 계속 그 길을 갔습니다. 처음에는 동고비가, 아니 새는 머리가 나쁘다고 생각했습니다. 실제로 머리가 나쁜 것은 나였지만요. 여하튼 동고비는 정말 간절해 보였습니다. 생각을 바꾸기로 했습니다. "이 또한 길일 수 있기에 저러는 것 아닐까?" "희망이 없어 보일 뿐 희망이 아예 없는 것은 아니며, 다른 길은 없어서 저 험한 길이라도 가는 것 아닐까?" "좋다, 그렇다면 나도 동행한다." 어떤 일이 벌어질까요? 동고비의 무모해 보이는 행동을 우선 동고비 정신이라 부르겠습니다.

동고비 정신 - 무승부

동고비, 특별한 새입니다. 힘이 나게 하는 묘한 힘이 있습니다. 더군다나 사는 것에, 살아지는 것에 힘이 부치는 날이면 더욱 그렇습니다. 부지런하게 또한 간절하게 사는 친구로 동고비를 따를 자가 없을 것이기 때문입니다. 게다가 둥지를 지을 때 보이는 동고비의 모습은 '지칠 줄 모르는 열심'의 전형이라 할 수 있습니다.

4월 초였습니다. 마침 휴일이라 새벽같이 양버즘나무(플라타너스) 둥지로 향했습니다. 다른 동고비 둥지를 보느라 발길이 뜸했던 둥지였습니다. 이른 아침이어도 바람결에는 포근함이 스며들어 있었습니다. 산벚나무는 바람이 산들거릴 때마다 알았다며 꽃비를 한 움큼씩 뿌리는 것으로 화답했습니다. 봄소식은 하루에 큰 산 하나를 넘어 올라오지요. 그러면 꽃은 시간을 다투듯 피고 또 지고요. 매화와 산수유가 피고 지더니 개나리와 목련이 뒤를 이었고, 목련이 지는 것을 아쉬워할 틈도 주지 않고 조팝나무와 박태기나무가 꽃망울을 열었습니다. 잎눈도 새록새록 터지고 있었고요. 아주 작은 잎이라도 다 큰 잎의 모양을 고스란히 간직하고 있는 것이 퍽 사랑스러웠습니다. 한마디로 봄다운 날이었습니다.

양버즘나무 동고비는 둥지를 완성했을 것으로 예상했었습니다. 시기적으로도 그렇고, 다른 동고비 둥지도 그랬으니까요. 그런데 아직도 진흙을 붙이기에 정신이 없었습니다. 조금 이상하기는 했습니다. 하지만 뭔가 사정이 있었던 것으로 여기고 넘겼습니다. 어찌 되었든 열심히 진흙을 나르는 모습은 변함없이 감동적이었습니다.

이제 잘 알고 있겠지만, 진흙을 날라 둥지를 좁히는 일은 암컷이 담당합니다. 수컷은 둥지를 짓는 암컷에 대한 경계를 맡습니다. 그날 하루에 동고비 암컷은 콩알 크기의 진흙을 150번 정도 날라 둥지를 좁혔습니다. 해가 떠오르며 진흙을 나르기 시작하여 해가 지고 일정을 마쳤으니 대략 열두 시간을 일한 것이었고요. 50분 정도 일하고 10분을 쉽니다. 50분 동안 열 번이 조금 넘게 진흙을 가져와 둥지에 붙이고 다진 셈이지요. 진흙을 가져와 잠시도 쉬지 않고 부리를 움직여 둥지에 붙이고 다시 나서는 데 채 5분도 걸리지 않는 꼴입니다. 지켜보는 내가 정신이 하나도 없을 정도이니 동고비는 어떨까 싶습니다.

게다가 진흙을 가져오는 계곡 주변에서 둥지까지의 거리는 50미터 정도입니다. 왕복하면 100미터이고 150번을 오갔으니 15킬로미터를 비행한 것이 됩니다. 정말 정신없습니다. 온몸이 진흙 범벅인 데다 초췌하기 이를 데 없지만 덕분에 딱다구리 둥지는 동고비의 둥지로 변했습니다. 다음 날은 둥지를 다듬는 일에 들어갈 것이라고 생각하며 하산했습니다.

다음 날 새벽입니다. 먼동이 틉니다. 그런데…… 이게 웬일입니까! 붙여놓은 진흙이 다 떨어져 나가고 없는 것입니다. 감쪽같이 사라진 것처럼 말이지요. 눈을 의심할 수밖에 없었지만 더 놀라운 것은 동고비였습니다. 마치 아무렇지도 않다는 듯, 심지어 알고 있었다는 듯 새로 시작하는 것입니다. 그리고 그날도 동고비 암컷은 150번 정도 진흙을 날라 입구를 또 좁혔습니다.

4월 중순입니다. 똑같은 일상이 반복된 지 15일째를 맞습니다. 어젯밤 역시 어두워 더 이상 보이지 않을 때까지 애써 좁힌 둥지는 깜깜한 밤에 무너졌습니다. 그리고 오늘 아침 동고비는 또다시 진흙을 붙이고 있습니다. 진흙을 무너뜨린 것은 둥지의 주인인 청딱다구리 수컷입니다. 안타깝게도 동고비는 딱다구리가 사용하고 있는 둥지를 좁히고 있는 것입니다. 황당하기로는 동고비와 청딱다구리 둘 다 마찬가지일 것입니다. 정말 죽을힘마저 보태 하루 종일 입구를 좁혀 놓았는데 다음 날 아침에 와 보면 진흙은 온데간데없이 사라져 있고, 밤에 잠을 자러 오면 둥지 입구는 어김없이 다시 좁혀져 있으니 말이지요.

동고비가 열두 시간에 걸쳐 좁힌 둥지를 청딱다구리가 허무는 데에는 1분도 다 걸리지 않습니다. 내가 본 것은 보름뿐이지만 아마 3월 초부터 이런 일이 시작되지 않았을까 싶습니다. 그렇다면 대략 45일을 동고비는 이러고 있는 것이며, 앞으로 언제까지 이처럼 무모한 일을 지속할지 알 수 없습니다.

그러면 동고비는 왜 이렇게 무모한 행동을 하는 것일까요? 두 가지를 생각할 수 있습니다. 첫째, 귀찮게 해서 차지하려고. 가능성은 낮지만 아주 엉뚱하지는 않습니다. 둘째, 딱다구리가 둥지를 떠나는 날이 올 수 있어서. 지켜보면 알 것이지만 가능성이 높습니다. 지금 둥지는 청딱다구리 수컷이 쓰고 있습니다. 하지만 이런 일이 벌어질 수 있습니다. 수컷이 다른 곳에 새집을 짓고 그곳으로 옮겨 암컷을 맞아 번식하는 것입니다. 딱다구리의 경우 번식 둥지를 낮에는 암수가 교대하며 지키지만 밤에는 수컷만이 둥지를 지킵니다. 그런 일이 벌어진다면 결과적으로 현재의 청딱다구리 수컷은 지금 사용하는 둥지에는 오지 않습니다. 동고비가 기다리는 것은 그날이 오는 것이겠고요. "언젠가 그날은 온다!" 하는 정신 말이지요. 물론 그날이 오지 않을 수 있습니다. 지금 둥지에서 암컷을 맞아 번식을 치른다면 그날은 오지 않습니다. 하지만 동고비는 올 수도 있는 그날을 바라보며 나아가는 것이 아닐까 싶습니다. 지켜보면 알겠지요.

다음 날입니다. 오전에 수업이 있어 오후에 동고비 둥지를 찾았습니다. 아, 아…… 아픕니다. 《동고비와 함께한 80일》의 여섯 번째 나무, 양버즘나무가 쓰러져 있습니다. 지나는 사람이 거의 없는 곳인데 운동시설을 마련한다고 나무를 베어버린 것입니다. 동고비 소리가 뚝 끊어졌습니다. 정신없이 진흙을 물어 나르는 동고비의 날갯짓도 멈췄습니다. 아직은 아니지만 곧 청딱다구리든 동고비든 새로운 생명을 품을 나무입니다. 나무 자체로도 아프지만 또 다른 생명을 품어낼 나무이기에 더 아픕니다. 청딱다구리 둥지를 품었던 나무는 그렇게 처참히 끝났습니다. 나름 자신의 길을 가는 것으로 보이는 동고비와 청딱다구리의 결말도 알 길이 없어졌습니다. 무승부라 하겠습니다.

양버즘나무에 둥지를 짓는 동고비, 그리고 그 둥지를 청딱다구리가 무너뜨리고 있습니다.

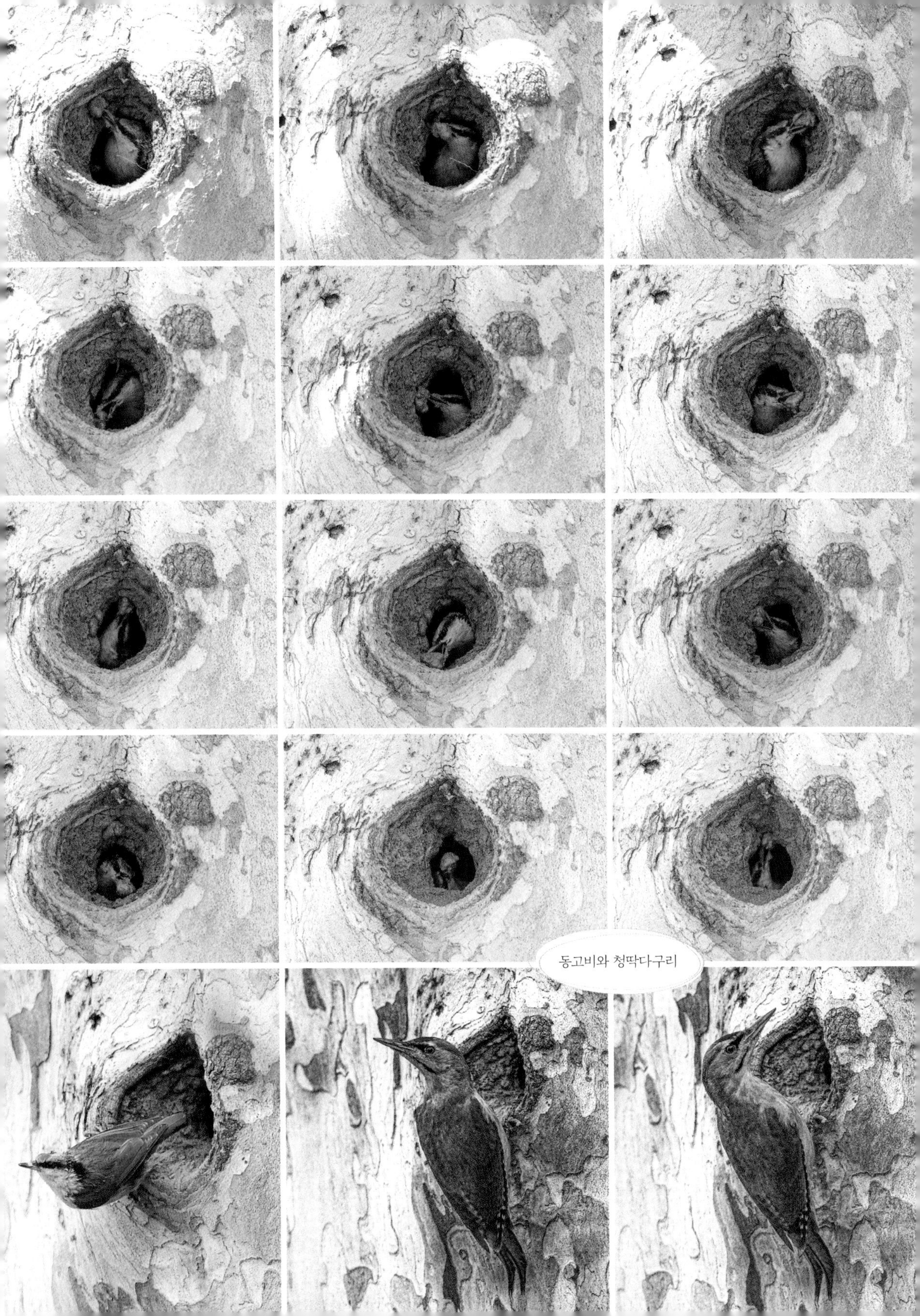

동고비와 청딱다구리

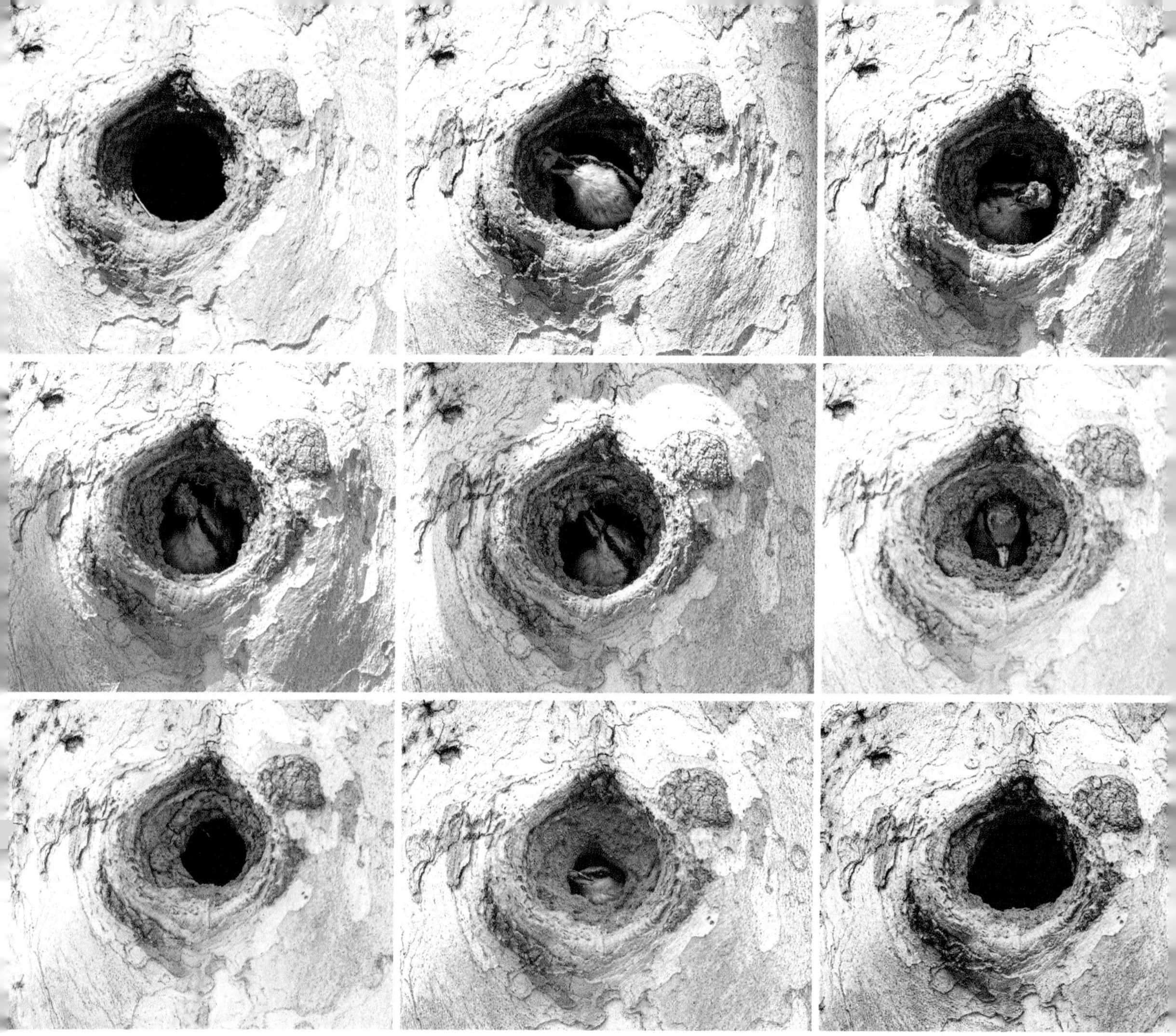

동고비 정신 - 실패

청딱다구리 둥지를 품었던 양버즘나무가 쓰러진 지 3년이 흘렀습니다. 쉬 잊히지 않았습니다. 그 큰 나무를 베어버린 것에 대한 속상함과 화남도, 이야기의 결말에 대한 궁금함도요. 한쪽은 둥지를 지키고 한쪽은 둥지를 차지하려는 청딱다구리와 동고비의 간절한 몸짓은 인간의 간섭에 의해 그 끝을 만나지 못했습니다. 많이 궁금했습니다. 해가 바뀌며 번식의 계절이 다시 돌아올 때마다 같은 상황을 찾아다녔지만 2년 동안 그런 일은 일어나지 않았습니다. 자연이 내가 원하는 대로 작동하는 것은 아니니까요. 그러다 마침내 다시 만나게 되었습니다. 2월 말, 겨울 끝자락입니다.

동고비가 마음을 둔 둥지는 청딱다구리 수컷이 살고 있는 곳입니다. 5년 전 청딱다구리가 소나무에 지었고 이후로 매년 번식을 잘 치렀습니다. 번식이 끝나고 암컷은 떠났지만 수컷은 남아 잠을 자면서 둥지를 지켰습니다. 청딱다구리는 번식 일정을 조금 늦게 시작하는 편입니다. 대체로 5월은 되어야 번식 일정을 시작합니다. 겨울 끝자락이니 아직 청딱다구리가 번식 일정을 시작하지 않았습니다. 둥지는 수컷이 잠을 자는 둥지로만 사용하고 있다는 뜻입니다. 수컷은 아침 일찍 둥지를 나서며, 어두워지면 잠을 자러 둥지로 오는 행동을 반복하고 있습니다.

3월의 첫날입니다. 분명 청딱다구리가 쓰고 있는 집인데 동고비가 진흙을 나르기 시작합니다. 어두운 기운이 남아 있는 아침 7시 즈음 청딱다구리가 둥지를 나섰습니다. 한 시간이 조용히 흐릅니다. 햇살이 숲에 번지기 시작하자 동고비가 나타납니다. 진흙을 물고 있습니다. 집을 지으려는 것이 분명합니다. 그런데 딱다구리가 쓰지 않아 비어 있는 둥지에 집을 지을 때와 완전히 다른 모습입니다. 안쪽부터 차분히 진흙을 붙이면서 튼튼하게 짓지 않습니다. 그런 몸짓이 아니며, 아예 그런 뜻이 없어 보입니다. 얼른 입구만 달랑 좁히려 하고 있습니다. 그도 쉬운 일은 아니지만요.

양버즘나무 둥지에서 만난 동고비의 모습과 비슷합니다. 청딱다구리가 살고 있는 둥지라는 것을, 짓지만 바로 무너질 수 있는 둥지라는 것을 알고 있는 듯합니다. 무모하기 그지없는 행동인 셈입니다. 하지만 나무가 쓰러지는 일이 또 있지 않다면 동고비는 끝까지 포기하지 않을 것입니다. 그러니 동고비의 길은 두 갈래입니다. 청딱다구리가 지금 둥지로 암컷을 데려와 번식하면 실패, 다른 둥지로 옮겨 번식하면 성공.

몇 분이 멀다 하고 진흙을 날라 하루 종일 입구를 좁힌 동고비는 어둑어둑해지자 어디론가 사라집니다. 다듬어지지 않아 거칠지만 입구는 거의 좁혀졌습니다. 동고비가 떠나고 어둠이 내리자 청딱다구리 수컷이 나타납니다. 하루 종일 온 힘을 다해 동고비가 붙인 진흙을 허물고 안으로 들어가는 데에는 여전히 1분이 채 걸리지 않습니다. 마르지 않은 진흙입니다. 아무 힘도 없습니다.

3월 한 달이 그렇게 지나고, 4월 한 달도 그렇게 지나고, 5월 한 달도 그렇게 지났습니다. 어느덧 6월 10일입니다. 동고비가 진흙을 붙이기 시작한 지 100일이 되는 날입니다. 동고비는 여전합니다. 그동안 동고비가 나른 진흙 덩어리는 1만 개에 이르고, 진흙을 나르기 위해 이동한 거리만 총 1천 킬로미터에 이르지만 오늘 아침 둥지의 모습은 100일 전 진흙을 붙이기 시작할 때와 똑같습니다.

6월 16일, 106일째 날입니다. 결국 동고비가 포기합니다. 그럴 수밖에 없습니다. 둥지에 청딱다구리 암컷이 나타났습니다. 이 둥지에서 번식 일정이 시작된 것입니다. 벌써 청딱다구리 암수는 둥지를 교대로 지키고 있습니다. 동고비로서는 더 이상 방법이 없습니다. 둥지를 차지하느냐 그렇지 못하느냐 하는 점에서는 실패입니다.

여름을 지나며 그 무더위 속에서도 소나무 둥지의 청딱다구리 한 쌍은 여섯 마리의 어린 새를 건강하게 잘 키웠습니다. 딱다구리는 기본적으로 암수가 교대하며 번식 일정을 치릅니다. 하지만 밤에는 교대하지 않습니다. 번식 둥지의 밤은 수컷 혼자 지킵니다. 암컷은 번식을 치르는 동안에도 잠만큼은 자신의 잠 둥지에서 계속 잡니다. 그러다 어린 새가 둥지를 떠나면 암수의 교대도 멈춥니다. 어린 새처럼 암컷도 번식 둥지를 떠납니다. 번식이 끝난 둥지는 수컷이 잠을 자는 둥지로 사용합니다. 해가 질 무렵이면 둥지로 돌아와 잠을 자고 해가 뜨면 먹이를 찾아 둥지를 나서서 일정을 이어갑니다. 둥지가 낮에는 비어 있지만 크게 문제 될 것은 없습니다. 숲의 다른 생명도 번식이 끝나 딱다구리 둥지에 별 관심이 없기 때문입니다.

그렇게 다음 해 봄까지 비슷한 상황이 죽 이어집니다. 그러다 동고비에게 기회의 시간이 옵니다. 딱다구리 수컷이 새롭게 번식 둥지를 짓는 경우입니다. 새로운 둥지에서 번식을 시작하면 그 둥지의 밤은 역시 수컷이 지킵니다. 지금껏 쓰던 둥지는 차지하는 자가 주인이 되는 빈 둥지가 되는 셈이지요. 이런 이유로 동고비는 딱다구리 암컷이 사용하는 둥지에는 도전하지 않습니다. 딱다구리 암컷의 둥지는 1년 내내 비어 있는 날이 없기 때문입니다. 동고비는 가능성이 전혀 없는 일에 도전을 하지는 않습니다.

동고비

청딱다구리

동고비

청딱다구리
어른 새 암컷과 수컷

청딱다구리
어린 새 수컷과 암컷

동고비 정신 - 성공

가고 싶은 곳이 앞에 있다 치지요. 조금 떨어져서요. 가고 싶은 곳이니 가면 됩니다. 모두 압니다. 하지만 실제로 자리를 박차고 일어나 걸음을 옮기는 이는 많지 않습니다. 심지어 그곳이 내 앞으로 와주기를 바랄 때가 많습니다. 그럴 리가 없는데도요. 생각만 하는 것이 아니라 '실제로 밟아가는 것'이 실천입니다. 이제 어쩔 수 없습니다. 개인적으로 '실천' 하면 떠오르는 새는 동고비입니다.

앞서 동고비가 둥지를 마련하기 위해 100일 넘게 도전했으나 결국 실패로 끝난 이야기를 소개했습니다. 바로 다음 해입니다. 같은 둥지입니다. 소나무 둥지. 변함없이 청딱다구리 수컷이 나름의 방식으로 보금자리를 지키고 있습니다. 동이 트면 둥지를 나서고 한낮을 지나 다시 어둑어둑해질 즈음이면 다시 돌아와 잠을 잡니다.

3월 3일입니다. 올해도 동고비는 무모한 도전을 시작합니다. 짓고, 무너지고, 또 짓고, 다시 무너지고, 또다시 짓는 일상이 반복됩니다. 3월 중순에 이릅니다. 동고비는 어떨지 모르겠지만 나는 느낌이 나쁘지 않습니다. 약 100미터 정도 떨어진 은사시나무에서 청딱다구리 수컷이 둥지를 새로 짓고 있습니다. 같은 개체입니다. 아직 이른 봄이라 나무에 잎이 돋지 않아 청딱다구리가 둥지를 떠나 어디로 가는지가 보입니다. 느낌이 나쁘지 않다는 것은 번식 둥지를 옮길 가능성이 높기 때문입니다. 그렇게 시간이 흐릅니다. 마지막 관문이 하나 더 있습니다. 청딱다구리 암컷의 선택이 중요합니다. 수컷은 옛 둥지와 새 둥지 둘 다 암컷에게 선보일 것입니다. 옛 둥지, 곧 동고비가 현재 날마다 진흙을 붙이고 있는 둥지가 마음에 들면 동고비는 올해도 실패입니다. 새로운 둥지가 마음에 들어 그리로 옮기면 동고비는 성공입니다. 물론 둥지의 완전한 주인이 되고 번식까지 성공하려면 넘어야 할 산이 겹겹 싸여 있기는 하지만요. 또 그렇게 시간이 흐릅니다.

4월 중순입니다. 아…… 드디어, 드디어, 그날이 왔습니다. "언젠가 그날은 온다!"의 그날입니다. 청딱다구리 암컷이 새로운 둥지를 선택했습니다. 선택의 주체는 아닐지라도 동고비 정신의 승리인 것은 분명합니다. 고맙게도 그해 동고비는 여섯 마리의 어린 새를 잘 키워냈습니다. 청딱다구리 또한 새로운 둥지에서 번식 일정을 잘 치렀습니다. 똑같이 고마운 마음입니다. 그런데 묘한 상황이 벌어졌습니다. 보통 번식이 끝난 둥지는 수컷이 잠을 자며 관리하는데 은사시나무 둥지의 경우 암컷이 잠을 자는 둥지로 쓰고 있는 것입니다. 할 수 없이 수컷은 다시 소나무 둥지로 돌아왔고요.

시간은 쉼 없이 흘러 가을입니다. 넘어야 할 겨울이 있고, 내년 봄은 아득하기만 한데 동고비는 벌써 청딱다구리 수컷의 소나무 둥지를 기웃거리고 있습니다. 더 시간이 흘러 해가 바뀌고 숲에 번식의 계절이 돌아오면 동고비는 또다시 이 소나무 둥지에 진흙을 붙일 것입니다. 날마다 짓고 또다시 무너지는 일상 또한 여전할 것입니다. 누구라도 앞날을 알 수는 없습니다. 실패가 많습니다. 그러나 가능성이 조금이라도 있다면 도

무너지면 또 짓는다. 동고비 정신!

전하는 정신, 곧 '동고비 정신'이 어쩌면 동고비 종 보전의 원동력인지도 모르겠습니다.

가을, 무너지는 동고비의 보금자리

생명이 있는 것은 저마다 매력이 있습니다. 정도의 차이는 있겠지만요. 동고비는 매력이 넘치는 친구입니다. 그중 으뜸은 딱다구리 둥지 입구에 진흙을 붙여 좁히는 모습이 아닐까 싶습니다. 진흙을 쉼 없이 물어 나릅니다. 그 뾰족했던 부리가 뭉뚝해지도록 다지고 또 다지고요. 진흙 덩어리를 붙이다 떨어뜨리면 따라 날아가 잡기도 합니다. 공중에서 잡지 못하고 땅에 떨어지면 어떻게든 찾아오고요.

"그날은 온다!" "끝날 때까지는 끝난 것이 아니다!" 세상에서 가장 슬픈 일, 자기마저 자기를 포기하는 것은 하지 않는 동고비 정신은 더 말할 것도 없습니다. 하지만 어린 새가 다 커서 둥지를 떠나면 부모 새도 그 애정 어린 둥지를 떠납니다. 둥지는 새끼를 키우기 위해 존재했던 곳이니까요. 늦은 봄, 동고비 가족이 모두 떠난 둥지는 어떻게 되는 것일까요?

가을이 깊어질 즈음이면 동고비 둥지는 원래의 모습으로 돌아갑니다. 붙어 있던 진흙 덩어리가 무너져 입구가 다시 넓어집니다. 딱다구리가 무너뜨립니다. 잠을 자는 둥지로 쓰기 위함입니다. 늦은 가을이면 진흙이 무

너지는 것이 마무리됩니다. 하지만 시작은 늦은 봄부터입니다. 심지어 동고비 가족이 둥지를 떠난 바로 다음 날 무너지기도 합니다. 빈 둥지이니까요.

단풍 빛깔이 무척 고운 날입니다. 올해 만난 동고비 둥지 중 마지막 세 번째 둥지도 오늘로 진흙이 무너졌습니다. 진흙이 무너져 입구가 다시 휑해진 둥지를 보면 이런 생각이 듭니다. 언제나 그렇습니다.

'그렇다. 동고비 둥지는 동고비가 지어서 있었던 것이 아니었다. 짓고 지켜서 있었던 것이다.'

가을 지나고 겨울도 지나 숲에 번식의 계절이 돌아왔습니다. 드디어 봄입니다. 이제 딱다구리 둥지 입구는 모두 열려 있습니다. 누구라도 둥지의 주인이 될 수 있다는 뜻입니다. 하지만 대가는 치러야 합니다. 오랜 기다림이든, 더 없는 부지런함이든, 죽은 듯 버티기든, 작지만 숫자로 맞서든, 동고비 정신이든…… 다를 것이 없습니다. 이제 나 역시 그중 한 길을 또 다시 걷기로 합니다.